I0498640

www.ingramcontent.com/pod-product-compliance
Lightning Source LLC
Chambersburg PA
CBHW070247230526
45470CB00002B/514
9783837031256

فيكتوريا حسونة ● زيت الزيتون البكر

فيكتوريا حسونة
زيت الزيتون البكر
كل ما يلزم معرفته بخصوص زيت الزيتون

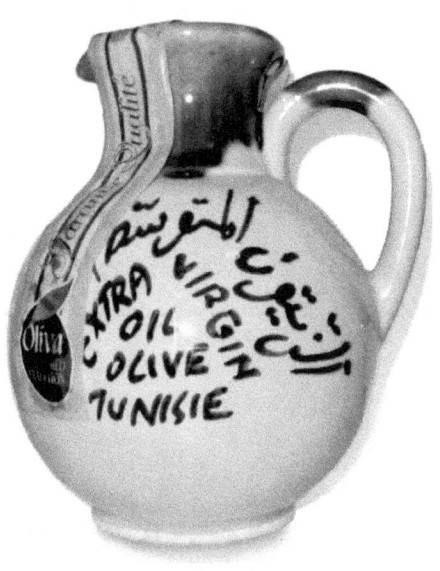

نصائح و أسرار و خفايا
مستوحاة من تقاليد تونسية تعود لآلاف السنين

ملحق بوصفات من الطبخ التونسي

معلومات اضافية حول حقل الزيتون البيولوجي "قصر الزيت" بتونس تجدونها على موقع الانترنت:
www.ksar-ezzit.com

اخلاء المسؤولية
لقد تم بحث و إعداد محتويات هذا الكتاب بكل دقة و عناية. مع ذلك لا تتحمل الكاتبة و لا دار النشر المسؤولية بخصوص المعطيات الواردة في هذا الكتاب.

الصور: فيكتوريا حسونة؛ عدى الصورة 26: California Olive Ranch؛ الصور 5 و 44: محمد مالك حسونة؛ الصور 47 و 48: مكتب إقليم بفاريا للصحة و سلامة المواد الغذائية (LGL).

أي توظيف للنصوص و الصور حتى و إن كان جزئيا يعتبر بدون موافقة ناشرة الكتاب غير قانوني و يُعاقب عليه. ينسحب هذا كذلك على عمليات الاستنساخ و الترجمة و التصوير المصغر و الاستغلال عبر الأنظمة الالكترونية.

معلومة مرجعية تخص المكتبة الوطنية الألمانية:
سجلت المكتبة الوطنية الألمانية هذا الكتاب في قائمة المراجع الوطنية الألمانية؛ يمكن الاطلاع على المعطيات المرجعية المفصلة تحت عنوان الانترنت: http://dnb.d-nb.de

©2009 Viktoria Hassouna
التصميم: المطبعة العربية بألمانيا Kisa und Hertweck GbR, Kassel
www.die-arabische.de
تصميم الغلاف: Kay Fretwurst, Spreeau
"Natives Olivenöl"، وقع نشره في نوفمبر 2007 في ألمانيا.
نُقل من الألمانية من قبل إدريس الشوك.
النشر: Books on Demand GmbH, Norderstedt
Printed in Germany
ISBN: 978-3-8370-3125-6

الإهداء لزوجي لسعد الذي ألهمني لتأليف هذا
الكتاب و ولديّا محمد مالك و ريان لصبرهما.

فهرس

تقديم	9
التاريخ و التقاليد	13
من أين تأتي شجرة الزيتون؟	13
الأساطير الإغريقية، الإنجيل، القرآن	22
حقائق و أرقام	25
النوعية	35
شجرة الزيتون	35
الزيتون	38
المحصول	42
العناية بالأشجار	47
استخراج الزيت	49
تصنيف زيت الزيتون	59
زيت الزيتون البكر الرفيع	62
زيت الزيتون البكر	62
زيت الزيتون المصفى	62
زيت الزيتون	63
زيت بقايا الزيتون	63
زيت الزيتون البيولوجي	65
علامة التعليب	66
الفحص الحسي – التحليل التحسسي	69
تصنيف الزيت حسب نتائج الفحص الحسّي	74
كيف يمكنني التعرّف على الزيت الجيّد	75
الطريقة المنزلية لاستخراج زيت الزيتون البكر	77
الخزن و مدة الصلاحية	78
زيت الزيتون: ليس مادة غذائية فحسب	81
الكولسترول و الحوامض الدهنية	82
LDL و HDL	84
المواد النباتية الثانوية	88

الفيتامينات و المواد المعدنية	88
تركيبات الفينول	92
مضادات التأكسد	94
مواد المذاق و النكهة	96
مواد هيدروجين الكربون	97
ستِرول	97
زيت الزيتون البكر الرفيع - ضروري لصحة الإنسان	97
"الموجة الألمانية الجديدة": رصد نسبة الدهنيات و الإقبال على غذاء محدود الدهنيات!	98
التغذية المتوسطية	101
أوراق الزيتون و مفعولها العلاجي	105

الطريقة التونسية في عشق زيت الزيتون البكر 107

استعمال زيت الزيتون في مجال المداواة و التجميل 110

وصفات خاصة بالرعاية الصحية	110
وصفات خاصة بالتجميل	118
نصائح و خفايا تخص زيت الزيتون	125

الطبخ بزيت الزيتون 128

وصفات الطبخ	129
زيت التوابل و زيوت الزيتون المعطّرة	137
مقر الزيتون	138
القلي الكامل بزيت الزيتون	139

تقديـــم

عند أول زيارة لتونس أبهرتني من أول وهلة أشجار الزيتون العظيمة. كم هي المرات التي أكلت تحت ظلالها و أحسست بسكينتها؟ لا تراني أشبع رغبتي في النظر إليها. بسقفها الأخضر الزيتوني و الذي يبعث بريقا فضيا من الأسفل. تشكل شجرة الزيتون علامة مميزة للربوع الواقعة على حوض البحر الأبيض المتوسط. جمالها السحري يأسر كل ناظر إليها. اليوم و بعد عشرين عام من العيش في ربوع تونس نجحنا في إرساء عماد لوجودنا و تأسيس أسس حياة كريمة. لنا طفلان يرّوحان على أنفسنا و لكن المناسبات التي يمكن لي فيها التمتع بسكينة أشجار الزيتون أصبحت نادرة. و رغم ذلك لا أجد نفسي مرغمة عن التخلي عن عشقي القديم لهذه الأشجار فحتى في حديقتنا الخاصة لم نقدر على إقصاء هؤلاء الرفقاء القدامى فتطل علينا الشمس كل صباح عبر تاجها الممتد.

لقد أيقظ فيا زوجي عشق هذه الشجرة و ثمارها و زيتها اللذيذ الصحي، فقد أصبح معلمي و مكنّني من الاستفادة من معرفته الواسعة. إنه يعمل منذ بداية شبابه و منذ ثلاثة أجيال في مجال زيت الزيتون، فتراه اليوم يمتلك خبرة في هذا المجال تفوق الثلاثين سنة. كان أبوه مثله من رواد هذا المجال برؤية استشرافية واضحة. إنه ذلك الشخص الذي بعث في سنة 1975 أول معصرة زيتون حديثة بتونس، ما تسمى بالطريقة المسترسلة اللامتناهية. في سنة 1996 عُبّأ أول صهريج من مادة "فلاكسي" في معصرة أهل حسونة بزيت *الزيتون البكر الرفيع* و هُيّأ للتصدير.

إننا اليوم أنا و زوجي على أحسن استعداد للمرحلة القادمة فقد نجحنا في تحقيق حلم طالما راودنا و أضحينا نسهر على الاعتناء بحقلنا من الزيتون الذي اشتريناه مؤخرا و تبلغ مساحته 400 هكتار طبقا لمقاييس بيولوجية. و لكن ليس هذا كل شيء. إننا نعتقد أن مستقبل حقلنا من الزياتين المسمى "قصر الزيت" يكمن في سطور الماضي. لهذا السبب أقصينا كل العربات العصرية مثل السيارات و الشاحنات و الجرارات الخ... من الحقل إلى مأوى خاص خارجه. هناك يركب الزائر عربات الخيل الرابضة في انتظاره. استبدلنا الجرارات بالخيول و البغال و الجمال. ليس هناك غازات تنبعث من السيارات فتسمم هواء الجبال النقي و لا زيوت المحركات التي تلوث التربة الخضراء الثمينة. هنا تنمو شجيرات الزيتون في تناغم كامل مع الطبيعة. تضمن معصرتنا القديمة المجهزة بمكعبات حجر الصوان و معصرتنا الهيدروليكية إلى جانب معصرة عصرية بالطريقة المسترسلة

اللامتناهية تحويلا سريعا و مرفقا للزيتون و تمكن من عملية إنتاج شفافة انطلاقا من الغرس مرورا بجني المحصول وصولا إلى استخراج زيت الزيتون البكر. علاوة عن ذلك يمكننا ضمان و تتبع المصدر البيولوجي لزيتوننا حتى آخر حبة زيتون. في المتحف المتاخم للحقل و الخاص بتاريخ غراسة الزيتون في تونس يمكن للزائر اكتشاف و مقارنة كيفية استخراج الزيت عبر مختلف العصور وصولا إلى الطريقة العصرية المعتمدة اليوم.

يعود الفضل إلى زوجي في إلهامي بتأليف هذا الكتاب. للأسف لا يعلم المستهلكون في أوروبا عموما أن تونس تنتج *زيت الزيتون البكر الرفيع* و ذلك بأعلى جودة. لا نجد في أي كتاب أكان باللغة الألمانية أو الفرنسية أو الانكليزية أي إشارة ضافية و مفصلة إلى تونس كبلد منتج لزيت الزيتون البكر. يعد زيت الزيتون التونسي البكر غير معروف لدى المستهلكين الأوروبيين.

و يعتبر ذلك نتيجة لتهاون التونسيين في ما يتعلق بعملية التسويق على النطاق العالمي. علاوة على ذلك لم ينشأ منذ انفتاح قطاع زيت الزيتون التونسي في السوق العالمية في سنة 1995 سوى عدد محدود من الشركات التي تصدر هذا الزيت في شكل قوارير. 97 % من زيت الزيتون التونسي يتم تصديره في شكل كميات كبيرة (حاويات، صهاريج، براميل) و لا يجرأ إلا القليل من مشتري الزيت على ذكر تونس كبلد أم لهذا المنتوج على علامة تعليبهم. أضف إلى ذلك النجاح اللافت للساهرين على الإشهار و التسويق التابعين لرابطات زيت الزيتون الايطالية حتى أن أغلب المستهلكين يأتون على ذكر ايطاليا بصفة آلية كلما تعلق بزيت زيتون جيد. و حتّى زيوت الزيتون حديثة العهد و الآتية من كاليفورنيا أضحت تلقى الإكبار و التمجيد رغم أنها من ناحية النوعية و الكمية تتنزل مرتبة هامشية في السوق العالمية. ليس باستطاعة المنتجين و الموزعين الأمريكيين بأي حال من الأحوال تلبية الطلب المتزايد باستمرار في السوق الداخلية من خلال زيت الزيتون المنتج في كاليفورنيا، لذلك تراهم يستقدمون كل شهر كميات هائلة من الزيت من تونس و من سائر بلدان البحر الأبيض المتوسط المنتجة لزيت الزيتون. تعد القدرة الإنتاجية للولايات المتحدة الأمريكية من الزيت و التي خصص لها مساحة 800 15 هكتار بالمقارنة مع المساحة المخصصة لنفس الغرض في تونس و التي تقدر بـ 000 680 1 هكتار محدودة. تحتل تونس المرتبة الثانية بعد الاتحاد الأوروبي في ترتيب البلدان المصدرة لزيت الزيتون في العالم.

فضلا عن ذلك يعتبر أهل الاختصاص زيت الزيتون التونسي البكر إلى جانب اليوناني من أجود زيوت الزيتون في العالم. لهذا السبب يلقى هذا الزيت اهتماما و إقبالا كبيران من لدن المنتجين و المعبئين الايطاليين الذين يستوردونه بكميات كبيرة لكي يهذبون نوعية زيوتهم من خلال عملية "المزج" (Coupage).

اعتقد أنه حان الوقت لنزود أولئك الذين يرغبون في العناية بصحتهم و إضفاء نكهة لذيذة لطبخهم بالمعلومات اللازمة. دعوني أوقظ من خلال هذا الكتاب فضولكم لمزيد اكتشاف عالم زيت الزيتون التونسي.

فيكتوريا حسونة، تونس في أكتوبر 2007

باعتبار أن عبارة "زيت الزيتون" لا تطلق على ذلك المنتوج الطبيعي المستخرج من الزيتون بل - كما ورد في فصل "تصنيف زيت الزيتون" من هذا الكتاب بالتفصيل - على خليط من زيت الزيتون البكر و المصفى، سيتم في هذا الكتاب أساسا اعتماد العبارة الصحيحة "زيت زيتون بكر". روى لي الكثير من التجار أن تعريف هذه العبارة كثيرا ما يتسبب في سوء تفاهم مزعج للحرفاء. من ليس له دراية و يريد اقتناء "زيت الزيتون" سيصاب بالخيبة حتما.

التاريخ والتقاليد

من أين تأتي شجرة الزيتون؟

ما زالت شجرة الزيتون منذ الإغريق إلى اليوم أي منذ أكثر من 6000 سنة عنصرا يميّز تلك الربوع الواقعة على ضفاف البحر الأبيض المتوسط. فلقد وقع توظيف ثمارها في الحياة اليومية بأشكال متنوعة: كمادة غذائية في شكل زيتون الموائد أو في شكل زيت الزيتون البكر، كما كان يُستعمل هذا الزيت كمادة لحفظ العديد من المواد الغذائية. كما كانُ يشكل زيت الزيتون مادة مثالية لصيانة بلاط المنازل (بلاط الرخام على وجه الخصوص) و صيانة الجلد والأسلحة، كما كان ضروريا كزيت إنارة. كانت تُستعمل أوراق شجرة الزيتون وزيت الزيتون كوسيلة مداواة وكنوع من أنواع البخور. كانُ يمثل زيت الزيتون قربان للآلهة و ملحقة للقبور تُحمل مع الميت في رحلته إلى مثواه الأخير.

عرفت شجرة الزيتون التي يناهز عمرها آلاف السنين نشأتها الأولى في آسيا الصغرى في الجانب الشرقي من حوض البحر الأبيض المتوسط. في تلك الربوع وقع العثور على بقايا شجرة زيتون غابية، كانت تحمل ثمارا وتُعتبر الشكل الأصلي لأشجار الزيتون التي يقع استغلالها في الوقت الحاضر. كان هذا الشكل البدائي لشجرة الزيتون يتواجد في شكل غابات كبرى في آسيا الصغرى بسوريا وفلسطين و مصر واليونان. لا تزال بعض هذه الشوكيّات الغابية تتكاثر في تلك الربوع كما من قبل. تمّ في ايطاليا اكتشاف أوراق متحجّرة لأشجار الزيتون، يناهز عمرها 6 ملايين سنة. كما وقع العثور في شمال إفريقيا على بقايا أشجار زيتون تعود إلى العصر الحجري. تمّ في فرنسا وبالتحديد في "لانقدوك" و"بروفانس" اكتشاف بقايا يناهز عمرها العشرون ألف سنة. نشأت أوراق الزيتون المتحجرة التي يتراوح عمرها بين 50 إلى 60 ألف سنة في الجزر اليونانية مثل "سنتوريني" و"نيسيروس". حسب علماء نبات العصر الحجري تُمثل هذه الأوراق المتحجرة أوراق شجرة الزيت الغابية.

في آثار سبيطلة بالبلاد التونسية تشهد بقايا أثرية لمعصرة زيت رومانية على زمن خلى، كان ينتج فيه الرومان زيت الزيتون في نفس المكان. كان يعبأ هذا الزيت في مدينة سوسة على مراكب خاصة بهذا الغرض لتُنقل من هناك إلى روما.

لا يُعرف بصفة قطعية متى وكيف انتقلت شجرة الزيتون "الأهلية" من تلك الزيتونة الأصلية التي وقع تسميتها بـ "أُوليا أُوروبيا ل." (Olea europaea L.) من قبل عالم النبات السويدي كارل فون ليني (1707- 1778) إلى البلدان الواقعة على حوض البحر الأبيض المتوسط. يسود إلى حد اليوم اختلاف لدى العلماء حول حيثيات غراسة وانتشار شجرة الزيتون. إلا أن هناك اعتقاد راسخ بأن شجرة الزيتون المعروفة في شكلها الحاضر تعود إلى نبتة "أوليا كريسوفيلا" (Olea Chrysophylla). قبل آلاف السنين بات سكان حوض البحر المتوسط غير مكتفين بثمار يجدونها عن طريق الصدفة كغذاء. يغلب الظن أنهم كانوا يستخرجون الزيت من هذه الثمار حيث كان الناس قبل 6000 سنة في أراضي سوريا وفلسطين يجنون ثمارا، يقع استعمال زيتها - بصفة مؤكدة - كوقود للمصابيح وكمادة للاعتناء بالبشرة. بمرور الوقت أضحى سكان الجانب الشرقي لحوض البحر الأبيض المتوسط يفكرون في طرق تُمكنهم من إنتاج هذه الثمار و استخراج زيتها بطريقة منظمة.كانو يغرسون أجمة الزّيتون ويطوّرون شجرة الزيتون الغابية بطرق تحسين وتثقيف مختلفة. نشأت شجرة الزيتون المعروفة في شكلها الحاضر عبر عمليّة طويلة المدى ومضنية من التطوير والعناية. عُثر في جزيرة كريتا على أقدم آثار لثقافة ممنهجة لغراسة و استغلال شجرة الزيتون. يُرجّح أن تكون قد نقلت هذه الشجرة المطوّرة في شكل شتلات من آسيا الصغرى إلى بلاد اليونان حيث تمّت غراستها.

نشأت شجرة الزيتون في الحوض الشرقي للبحر الأبيض المتوسط. انطلاقا من تلك الربوع انتشرت في باقي حوض البحر الأبيض المتوسط لما توفره هذه المنطقة من مناخ مثالي لغراسة أشجار الزيتون.

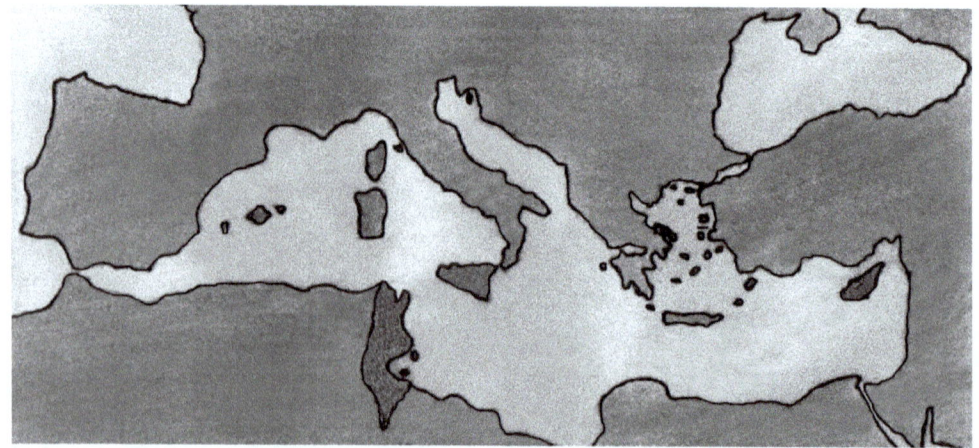

منذ القرن 16 قبل المسيح قام الفينيقيون بتوسيع غراسة شجر الزيتون في جزر اليونان وفي ما بين القرن 14 والقرن 12 قبل المسيح في شبه جزيرة الإغريق، حيث أضحت غراسة أشجار الزيتون تكتسي أهمية بالغة. كانت تُشكّل غراسة أشجار الزيتون عملية متشعبة و كانت طرق العمل الزراعي لا تزال بدائية مما جعل منتوج الزيتون في اليونان لا يلبي الحاجيات. لهذا السبب أصدر "سولون" (Solon) في القرن الرّابع قبل المسيح أمرا يُنظّم غراسة الزياتين ويعاقب بصرامة كل من يُتلفها. لنفس السبب كان الزيتون نادرا و باهظا وحكرا على أصحاب الامتيازات.

كان المصريون القدامى يستعملون زيت الزيتون و أوراقه لتحنيط ملوكهم. لقد تمّ العثور على مومياء يناهز عمرها 3000 سنة كانت مطليّة بزيت الزيتون ومُحاطة بأغصانه. كما عُثر في غرف قبور الفراعنة على نقوش ذهبية لرسوم من الزيتون. كان يهيأ الزيتون المملح كغذاء لحياة ما بعد الموت. إلا أنه انطلاقا من 1500 قبل المسيح أصبحت توجد حقول زيتون في مصر القديمة جديرة بالذكر تمت غراستها. إلى حدود ذلك الوقت كان المصريون يستقدمون زيت الزيتون ذلك الزيت الثمين الذي لا يمكن الاستغناء عنه من فينيقيا (لبنان اليوم) وفلسطين و جزيرتي كريتا و قبرص. كانت "ايزيس" أشهر آلهة في الميثولوجيا المصرية و آلهة الخصوبة و الأمومة تعتبر حامية شجرة الزيتون.

نقل سكان شمال إفريقيا (سكان تونس اليوم) بعد الحرب البونيقية الثالثة (149 إلى 146 قبل المسيح) تنوع أصناف زياتينهم و معارفهم و تقنياتهم في استخراج الزيت إلى جنوب اسبانيا. من هناك انطلقت غراسات الزيتون لتنتشر في كامل شبه الجزيرة الإسبانية. كان التأثير العربي اللاحق الآتي من تونس في اسبانيا كبيرا إلى حد أن المفردات الاسبانية الخاصة بالزيتون (aceituna) و الزيت (aceite) و معصرة الزيتون (almazara) و الزيتونة الغابية (acebuche) لها جذور عربية. لقد وصلت مهارات سكان شمال إفريقيا في هذا المجال إلى ايطاليا عبر جزيرة صقلية.

تعد حفريات سبيطلة (التسمية الرومانية Sufeitula) و الجم (التسمية الرومانية Thysdrus) الى جانب الفسيفساء الروماني الذي وجدت في سوسة شاهدا ثابتا على انتشار ثقافة استغلال الزياتين داخل تونس في ذلك العهد. تُظهر الصورة الفسيفساء الروماني الذي عثر عليه في سوسة و يجسد محصول الزيتون.

عندما قدم الرّومان إلى تونس وجدوا حقول يانعة من أشجار الزيتون، حيث كان يُشكّل تطوير أشجار الزيتون عمليّة مألوفة جدا. كان التونسيون في ذلك الوقت يغرسون أشجار الزيتون في كامل الأراضي الخاضعة لنفوذهم. كما كانت ُتغرس أشجار الزيتون كتكريم للموتى.

بعد سقوط قرطاج مع نهاية الحروب البونيقية بدأ تصدير الزيت انطلاقا مما يعرف اليوم بتونس (التسمية الرومانية "إفريقيا") إلى الإمبراطورية الرومانيّة. قام الرّومان بتوسيع غراسة أشجار الزيتون بجزيرة جربة وبناء جسر ما يزال ُيستعمل إلى يومنا هذا يربط الجزيرة باليابسة. كما تمّت غراسة أشجار الزيتون والاعتناء بها بطريقة منظمة في باقي المناطق من خليج تونس إلى غاية جزيرة جربة على امتداد 500 كم. أغدقت تجارة زيت الزيتون على المستعمرين ثروات أنفقوها في تشييد المنازل الفاخرة من حجر الرخام وبيوت الاستحمام البديعة والحدائق الفاتنة. كما تمّ تشييد قصر الجم الضخم لفائدة سكان الساحل ولكل العاملين في صناعة الزيت في ذلك الوقت.

لم يكن لزيت الزيتون القادم من تونس في العصر القديم قيمة اقتصادية فحسب بل قيمة اجتماعية. كان الرّومان يستعملون هذا الزيت كمادة غذائية هامة و وسيلة اعتناء بالجسم. كما كان يُستعمل كمادة أساسيّة لإنتاج العطور وكمادة وقود للمصابيح الزيتية. كان زيت الزيتون التونسي في القرن الثاني والثالث منتوجا لا تقوى المنتوجات الإيطالية المحلية على منافسته. لقد نشأت صناعة تونسية لاستخراج الزيت تقوم على طريقة الضغط الخاضعة للتطوير المستمرّ. انطلاقا من حضرموت (سوسة اليوم) تبحر السّفن ذات الشراعات المثلثة المميزة والتي صنعت خصيصا لنقل الجرار إلى "أوستيا" (بإيطاليا). ترتصف في جوف السفينة الجرار المركونة على جزءها الأسفل الواحدة بجانب الأخرى حيث يناهز عددها 10 آلاف جرة، كل واحدة تزن 25 كغ، إذ أن حمولة السفينة الواحدة ُتقدر 250 طن. نشأت في هذه الحقبة بنية ومسالك تجارية وعلاقات لا تزال قائمة إلى يومنا هذا.

فيما بُعثت في جنوب أوروبا العديد من معاصر الزيت الصغيرة، عرفت تونس المزيد من تهذيب عملية العصر الميكانيكية. تبعا لذلك تم تشييد عدد محدود من معاصر الزيتون إلا أنها على قلّتها كانت شاسعة الاتساع ذي طاقة إنتاج كانت تُعتبر في

في حقول "قصر الزيت" عثر على هذا المكعب من الحجر و أمثاله و التي كانت استخدمها الرومان في تشييد معصرة للزيت.

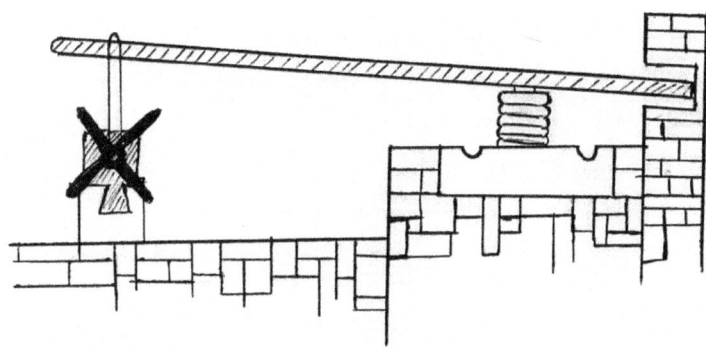

إعادة رسم لمعصرة زيت رومانية يشار فيها إلى مكعبات الحجر التي عُثر عليها في تونس و التي كان لها دورا أساسيا في عملية التشييد.

ذلك الوقت خيالية إذ تتراوح ما بين 5000 و 15 000 كغ من زيت الزيتون في الموسم الواحد.

عمل الرّومان على الاعتناء بأشجار الزيتون في كامل مناطق نفوذهم و وسّعوا غراستها في باقي حوض البحر الأبيض المتوسط. كان لشجرة الزيتون عند الرومان قيمة لا تقدر بثمن. أمّا اليونانيون فكانوا يسمّون زيت الزيتون "الذهب السّائل" وذلك نظرا لاستغلاله المتنوّع وليس لقيمته الاقتصادية. تغيّر مفهوم هذا المنتوج في العصر الروماني حيث أصبحت تجارة زيت الزيتون إحدى أهم القطاعات الاقتصادية إلى جانب تجارة الذهب والتوابل. كانت تجارة زيت الزيتون تجارة مربحة إلى حد أن في بعض المناطق تمّت إعفاء مالكي حقول الزيتون من الخدمة العسكرية. كان يوجد في روما سوق مالية و أسطول تجاري خاصة بزيت الزيتون. يُعدّ نجد "تستاكيا" بالقرب من مدينة "أوستيا" القديمة الواقعة جنوب مدينة روما شاهد إلى اليوم على حجم المنتوج الذي حملته السفن إلى روما. عُثر هناك على شظايا 40 مليون جرّة زيت. كما وقع العثور في نفس المكان على العديد من جرار الزيت المتكسّرة و التي كانت تحمل ختم "حضرموت" ذلك الاسم الروماني لمدينة سوسة.

جرار الزيت بـ"أوستيا"، ايطاليا

لا تزال تلك الجرار المصنوعة من الفخّار تستعمل في تونس إلى حدّ اليوم حيث تُحفظ بها كميات كبيرة من الزيت في البيوت.

كان الرّومان يتناولون الزيتون كما هو شائع اليوم كمفتحات ويعتبرونه مادة تذكي القدرة الجنسيّة. عثر كذلك في الحفريات المقامة في بقايا آثار ببمبايي (Pompeji) على أواني تحتوي على زيتون منقوع. كان الزيتون و زيت الزيتون يشكلان عند الأغنياء والفقراء على حدّ السواء مادة غذائيّة يوميّة. كانت تقسم هذه المادتين إلى 3 أصناف: هناك الزيتون الأخضر اليانع وزيته و كانا حكرا على النخبة. أما الزيتون الأسود وزيته فكانا يُستهلكان من العامة. أما العبيد فكان عليهم الاكتفاء بزّيت الإنارة الرديء و وبالزيتون الأقل جودة. كان قادة الجيش الكبار والفائزون من المبارزين يُوسّمون بأغصان الزيتون.

كما كان اليونانيون كذلك يمجدون هذه الشجرة الدائمة الخصوبة ذات البريق الفضيّ ويعتبرونها شجرة مقدّسة، كان أبطال الألعاب الأولمبية يُوسّمون بتاج يُشكّل من أغصان الزيتون ويُمنحون جرّة فاخرة من *زيت الزيتون البكر الرفيع*. كان الرياضيون يدلكون أجسامهم بزيت الزيتون حتى تُصبح العضلات مرنة و ساخنة. كانوا يستعملون كمية كبيرة من الزيت لهذا الغرض الأمر الذي جعلهم يخترعون فرجونا خاصا يسحبون بواسطته الكميات الزائدة من الزيت المطلاة على جسمهم. يروي "هوماروس" أن المشاركين في الألعاب الأولمبيّة كانوا يتّبعون حميّة غذائية للاستعداد لهذه الألعاب، تتكون هذه الحمية الغذائية من مأكولات يتمّ إعدادها بزيت الزيتون. تُعطينا كتابات "اريستوفانس" صورة على ميزات الطبخ اليوناني القديم. كانت كل الأطباق إن كانت أطباق من الخضر أو من اللحم أو من حلوى تُقلى أو تُطهى بزيت الزيتون البكر.

في سنة 2004 اختير التاج المشكّل من أغصان الزّيتون كعلامة مميّزة للألعاب الأولمبية التي أقيمت في أثينا. هكذا أحيى منظمو هذه النسخة الحديثة من الألعاب الأولمبية الصيفية تقاليدا ضاربة في القدم كانت تتمحور حول شجرة الزيتون المقدسة. بعد انقضاء آلاف السنين يتمّ من جديد توسيم الفائزين في المنافسات بتاج من أغصان الزيتون. في حفل افتتاح هذه الألعاب الأولمبية احتلت شجرة الزيتون مكانة خاصة حيث ألقيت خطب عظيمة تحت ظلالها. كان شكل المشاعل مستوحى من شكل ورقة الزيتون

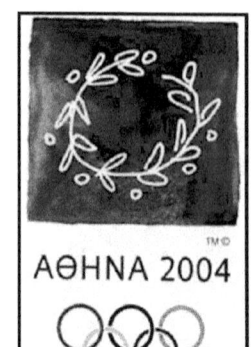

كان الرياضيون الأولمبيون يستعملون في عصر الإغريق "الفرجون" لسحب كميات الزيت الزائدة. كان الرّومان يستعملون كذلك نفس الآلة إذ كانت قنينة الزيت (ampulla olearia) و حديد مسح العرق و الغبار (strigilis) أدوات لا يمكن الاستغناء عنها عند الاستحمام.

شكل الزيتون علامة مميزة للألعاب الاولمبية الصيفية بأثينا.

وإلى يومنا هذا مازالت تشعل الشعلة الأولمبية التي تطوف العالم انطلاقا من المكان الأصلي للألعاب الأولمبية الإغريقية بواسطة زيت الزيتون.

بسبب العديد من الحروب والغزوات التي حلّت بتونس على مرّ العصور تراجع عدد أشجار الزيتون بصفة ملحوظة و أتلفت حقول بأكملها. عندما حلّ الاحتلال الفرنسي بتونس في سنة 1881 كان عدد الزياتين يقدر بمليون شجرة فقط. إلا أن الفرنسيين عملوا على تطوير القطاع الفلاحي حيث كان الخمر والقمح والزيتون يوفّرون تجارة مربحة. لقد وقع استبدال أشجار الزّيتون القديمة بأشجار فتية كما وقع إحداث العديد من حقول الزيتون. عندما نجحت تونس في الحصول على استقلالها في سنة 1956 كان عدد أشجار الزيتون يناهز 26 مليون شجرة.

كان الحبيب بورقيبة أوّل رئيس لتونس المستقلة رجلا ذا نظرة استشرافية حيث كان يتوق إلى إرساء الازدهار الفلاحي في تونس. عمل على غرس أشجار الزيتون وشجع التونسيين على العمل بمثله، في غضون 30 سنة تضاعف عدد أشجار الزيتون ليصبح 55 مليون شجرة. كما عمل خلفه الرئيس زين العابدين بن علي على دعم عملية غرس الأشجار بطريقة مستمرّة، حيث تنشأ يوميا أشجار جديدة. كل من يريد غرس أشجار زيتون يمكنه اليوم الاعتماد على مساعدة الحكومة التونسية.

تعد "الواحات البيولوجية" ميزة حقول الزيتون البيولوجي. ينشأ في هذا المجال البيئي الطبيعي توازن طبيعي بين الحشرات الضرة و النافعة.

19

منذ تمت خوصصة عمليّة تصدير زيت الزيتون التونسي و أصبح التفاني وتسخير المال والوقت لهذا القطاع من الاقتصاد أمرا مجديا ومربحا نلحظ باستمرار نشأة أشكال جديدة وتجريبية في غراسات الزيتون. تمّ جلب أنواع غير محلية من الزيتون كالزيتون اليوناني "كورونايكي" ومحاولة غراستها في تونس. علاوة على ذلك يوجد الآن أكثر من 2 آلاف هكتار من حقول الزيتون التي يقع استغلالها على الطريقة الصناعية الاسبانية اي استغلال جد مكثف. في هذه الحقول تُغرس أشجار الزيتون الواحدة جنب الأخرى تفصل بينهما مسافة جد صغيرة ويقع قصّ هذه الأشجار لدرجة تحدّ من نموها و تجعلها منخفضة و لا تبلغ ارتفاعها الطبيعي، مما يسهّل جني ثمارها مثلا بواسطة آلات الجني التي تعمل بصفة أوتوماتيكية كاملة. إلا أنه للحصول على كمية المحصول ذاته بصفة مستقرّة يتوجّب في مثل هذه الحقول سقي أشجار الزيتون باستمرار وتزويدها بمواد وقائيّة ومواد إضافية تُساعد على نموها. مقابل هذه الحقول يوجد غراسات الزيتون البيولوجية التي تُنشأ وتُستغل حسب مواصفات "ايكوسار" (Ecocert) الصارمة وتخضع باستمرار للمراقبة من قبل الدوائر المتابعة و المُختصّة.

نشأت في تونس إذن حقول متنوعة من أشجار الزيتون حيث تُعتمد أشكال مختلفة متزاوجة من الغراسات حتى يتسنى تلبية احتياجات السّوق المختلفة.

تونس الخضراء، هكذا تسمى تونس لأجل الخمس وستين مليون شجرة زيتون اليانعة، التي تحتضنها أراضيها. تربة أراضيها الغنية بالأملاح المعدنية إلى جانب مناخها الدافئ وموقعها الجغرافي المتميّز جعلت من تونس مكانا مثاليا لغراسة شجر الزيتون. لهذه الغراسات في تونس قيمة اقتصادية واجتماعية بالغة الأهمية حيث تُشكل قطاعا هاما من قطاعات الاقتصاد. في الفصل "حقائق وأرقام" من هذا الكتاب سيقع التطرّق لهذه النقطة بالتفصيل. أضحت شجرة الزيتون و زيت الزيتون والزيتون عناصر لا يمكن التخلي عنها قط في الحياة اليوميّة.

عملت الحكومة التونسيّة على تجسيد هذه الأهمية البالغة لشجرة الزيتون من خلال إدماجها في رمز تذكاري متميّز: الورقة النقدية التونسية بقيمة 30 دينار وقع تزيينها مثلا برسوم لأغصان الزيتون. كذلك القطعة النقدية بقيمة 5 دنانير والقطعة النقدية بقيمة 5 مليمات التي تحمل في واجهتها الخلفية صورة تجسّد شجرة زيتون في كامل شموخها وأبهتها. الواجهة الخلفية للقطعة النقدية ذي قيمة الدينار الواحد تجسّم صورة امرأة تقطع حبات الزيتون مرتدية اللباس البربري التقليدي.

تحمل أقدم جامعة إسلامية وأقدم جامع بالعاصمة التونسية اسم الزيتونة بعدما كان يعد في القرن السابع بعد المسيح مجرد مسجد متواضع. أُطلق عليه هذا الاسم استنادا إلى رواية تفيد بوجود شجرة زيتون أسطورية مقدّسة في المكان نفسه.

انتقلت غراسة الزياتين حديثا من حوض البحر الأبيض المتوسط إلى مناطق أخرى من العالم. مع اكتشاف القارة الأمريكية في سنة 1492 أنشأت أوّل أشجار الزيتون المنحدرة من اشبيلية الإسبانية في جزر غرب المحيط الهندي ومن ثمّة وصلت إلى القارة الأمريكية، في 1560 بدأت في المكسيك أوّل غراسات الزياتين ثمّ انتقلت إلى البيرو و كاليفورنيا والشيلي. تمّت غراسة أول أشجار الزيتون بالأرجنتين في مدينة "أروكو" (Arauco) و يحمل هذا النوع من الزيتون إلى يومنا اسم ذلك المكان الذي نشأ فيه لأوّل مرّة.

ليس بالوقت البعيد انتقلت غراسة الزياتين مرّة أخرى إلى خارج حوض البحر الأبيض المتوسط. لقد حطت هذه الأشجار الرحال اليوم في بلدين ذات مناخ شبيه بالمناخ المتوسطي. تُعدّ شجرة الزيتون في حد ذاتها شجرة جدّ متينة لا تتضرّر بسهولة. في الأثناء أصبحت تُغرس في وسط وشمال أوروبا شجيرات زيتون في دلو يُضع في الحدائق. تحتاج شجرة الزيتون لكي تُنتج ثمارا وافرة إلى أشعة

يتسنى في المنطقتين المناخيتين الواقعة جنوبا غراسة و استغلال شجرة الزيتون بنجاح وذلك نظرا للظروف المناخية المتشابهة فيها. لا تزال حوالي 99 % من الزياتين تنمو و تترعرع في موطنها الأصلي حول حوض البحر الأبيض المتوسط.

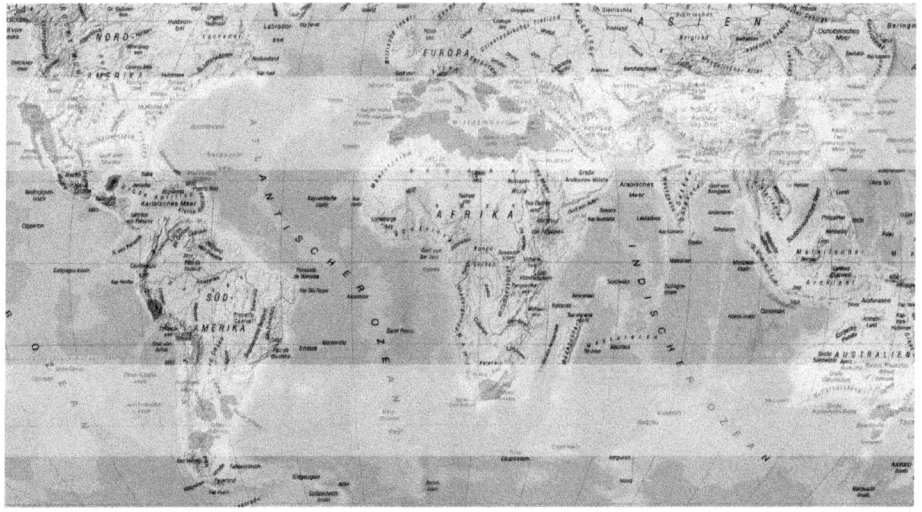

الشمس في الصيف و إلى مياه أمطار كافية في فصل الربيع والخريف كما تحتاج في فصل الشتاء إلى البرد والأيام المشمسة في نفس الوقت إلا أنها لا تتحمل تقلبات حرارية كبرى كما أنها لا تتحمّل سوى بضعة من الأيام الباردة التي تكون فيها درجة الحرارة تحت الصفر. تسنى في هذه الظروف اليوم غراسة الزياتين في جنوب إفريقيا و أستراليا وحتى في اليابان والصّين.

كثيرا من مشاهير المبدعين، من بينهم "بيار أوغست رينوار"، "بابلو بيكاسو" و"فنسانت فان قوخ"، رأو في شجرة الزيتون مصدر الهام حيث خلّدوا هذه النبت الرائعة في أعمالهم الفنية. رسم "فان قوخ" في ما بين جوان و ديسمبر من سنة 1889 ما يقرب 15 لوحة، تشكل فيه أشجار الزيتون الموضوع الرئيسي وهي لوحات مستوحات من غراسات الزيتون الموجودة بـ "سان ريمي".

الأساطير الإغريقية، الإنجيل والقرآن

يروى في الأساطير الإغريقية أن "زيوس" (Zeus) كان يبحث على حاكم لـ "آتيكا" (Attika) من بين الآلهات. خطر لذهنه لهذا الغرض إقامة منافسة يكون الفائز فيها ذلك الذي يقدم للإنسانية أثمن هدية. "بوسويدن" (Poseidon) أوجد في إطار هذه المنافسة حصانا يقوى على قطع مسافات طويلة والمساعدة على ربح الحروب وحمل الأثقال. أما أثينا فقد غرست للإنسانية شجرة زيتون غضة و وهبت لهم بذلك غذاء حيويا وزيتا، يمكن للإنسان استخدامه كمادة علاج وإنارة، كما يُمكن استعماله كزيت معطّر ومادة تجميل: على هذه الشاكلة فازت أثينا بهذه المنافسة. وهكذا وقع تسمية أجمل مدينة إغريقية على اسم أثينا. كان تمثال "زيوس" على قمة "أولمب" (Olymp) موشحا بتاج شُكّل من أغصان الزيتون، إنه تاج أراد له أن يرمز لمجد والعظمة أعلى أرباب الإغريق. يروى في الأساطير الإغريقية الرومانية عن "مينارفا" (Minerva) التي ضربت سيفها بالأرض وعلى إثرها نشأت في ذلك المكان من الأرض شجرة زيتون مما دفع بـ "مينارفا" أن تستبدل معدات الحرب بغصن الزيتون الذي يجسّد السلام.

تُزين أغصان الزيتون شعار الأمم المتّحدة.

كلنا يعرف قصص نوح الذي بعث بحمامة حتى يعرف أن كانت عادت الحياة على الأرض. عادت هذه الحمامة حاملة غصن زيتون كإشارة لانبعاث حياة جديدة. تُعتبر الحمامة الحاملة لغصن الزيتون إلى حدّ اليوم رمزا للسّلام. حتّى الأمم المتحدة اتخذت من غصن الزيتون رمزا للسّلام الذي تسعى إلى نشره من خلال جهودها ومهامها.

يتطرّق الإنجيل في جزءه القديم والجديد إلى زيت الزيتون في 140 مرّة وإلى شجرة الزيتون إلى أكثر من 100 مرّة. كما ذُكرت شجرة الزيتون وزيتها في القرآن الكريم عديد المرات. في سورة النور مثلا تمت الإشارة إلى شجرة الزيتون بطريقة في منتهى الروعة.

في تفسيره للقرآن يبيّن العالم الإسلامي وصاحب ترجمة القرآن المعتمدة بشكل واسع عبد االله يوسف علي: "زيت الزّيتون الصّافي هو تقريبا بمثابة النّور. يُمكن اعتباره كذلك حتى قبل أن يشتعل نورا في المصابيح - إنها الحقيقة الروحانيّة التي تُنير العقل والإدراك قبل أن تتفطن لها حواس أو قلب المرء."

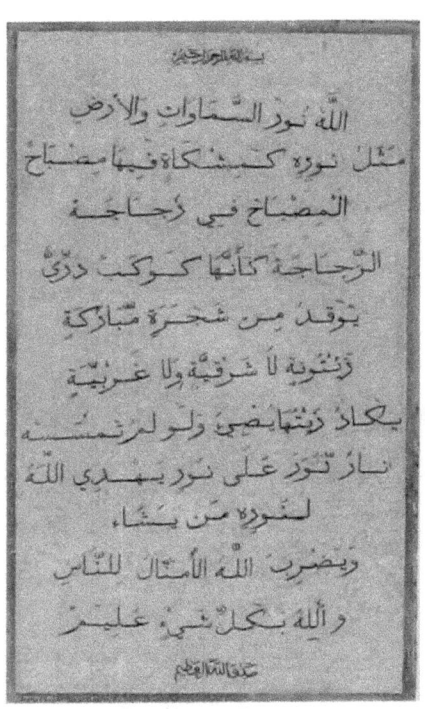

يشار في سورة النور من القرآن الكريم إلى شجرة الزيتون بشكل رائع.

يروى في القصص الإسلامية المأثورة: "استعملوا زيت الزيتون لتدلكوا به أجسامكم فإنه من شجرة مباركة". كما يروى عن محمد صلى االله عليه وسلّم انه كان يوصي باستعمال زيت الزيتون والزعفران لعلاج التهاب فروة الصدر وكان دائما يقول أن الزيتون دواء المعوزين.

يجسّد الزيتون في الأديان السماوية الثلاثة رمزا للحكمة و للخصوبة وللسّلام. إلا أنّ شجرة الزيتون أصبحت للأسف أداة قمع في صراع سياسي طويل الأمدّ. يبدو الردّ الإسرائيلي إزاء المقاومة الفلسطينية مريعا و ذا منطق لا يُفهم. ما إن تُقذف حجارة من شخص يتخذ من أغصان الزيتون مخبأ حتى يهرع الجنود بالآليات المدمّرة إلى المكان. تُتلف وتُدمّر أشجار زياتين ضاربة في القدم الشيء

أكانت في السهل أو في السفح يمكن التعرف على صفوف الزياتين المميزة في كل الأمكنة.

الذي يمثل عقابا وضررا يمتد لأجيال وأجيال. بقطع النظر عن الأضرار الاقتصادية فإنّ لهذه الأشجار قيمة بيئية. لا تتمثل الأهميّة البالغة لشجرة الزيتون في المحافظة على الأراضي الزراعية فحسب بل إن غراستها تمكّن من استغلال أراضي لا يمكن زرعها. ’تساهم شجرة الزيتون ككل الأشجار في المحافظة على البيئة، حيث أنها تحفظ المياه الجوفية من خلال جذورها و تعطّل انجراف التربة، كما أنها تحافظ على خصوبة التربة وتساعد على نقاوة الهواء. إنه لضرب من ضروب اللاّمسؤولية أن ’يسمح في يومنا هذا بالإقدام على هذه العمليات من إتلاف و تدمير لزياتين أمام أعين المجتمع الدولي الصامت فهي عمليات لا تُغتفر من الناحية الايكولوجية و من الصعب إصلاحها.

لا تزدهر غراسة الزياتين حيث تسود الفوضى والحروب!

حقائق وأرقام

يتأتّى زيت الزيتون من منطقة البحر الأبيض المتوسط حيث لازالت تُنتج أكبر كمية منه على الصعيد العالمي. أنتجت الدّول التابعة للاتحاد الأوروبي معا وعلى وجه الخصوص إسبانيا، إيطاليا، اليونان، والبرتغال في الموسم 2006/2005 حوالي 75 % من الإنتاج العالمي لزيت الزيتون، تليها تونس التي تنتج نسبة متوسطة من جملة الإنتاج العالمي تقدر بـ 8,5 % في نفس الموسم المذكور.

إنتاج زيت الزيتون في الموسم 2005 - 2006 بوحدة الآلف طن إلى جانب نسبة المساهمة في الإنتاج العالمي.

الجزائر	36,0	% 1,4	
الأرجنتين	24,0		
استراليا	9,0		
الإتحاد الأوروبي	1946,0	%74,9	
إيران	4,5		
إسرائيل	3,0		
الأردن	22,0	% 0,8	
كرواتيا	5,0		
لبنان	5,5		
ليبيا	9,0		
المغرب	75,0	% 2,9	
فلسطين	10,0		
سوريا	100,0	% 3,8	
تونس	220,0	% 8,5	
تركيا	115,0	% 4,4	
الولايات المتحدة الأمريكية	1,5	% 0,1	
دول أخرى	13,5		
المجموع	2599,0	% 100	

المصدر: COI

يجسّم الرسم التالي إنتاج الإتحاد الأوروبي وباقي البلدان المنتجة لزيت الزيتون في مقارنة سنوية

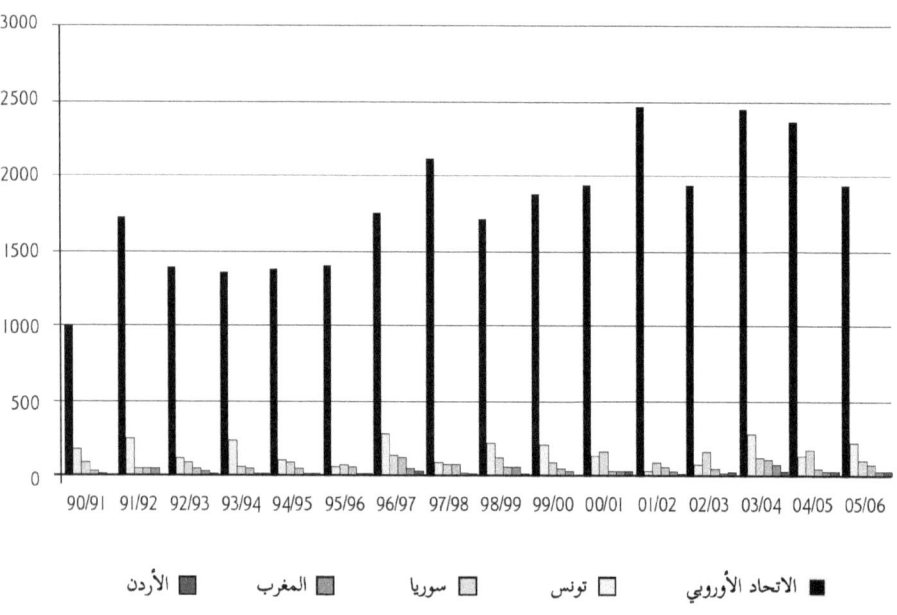

ارتفع استهلاك زيت الزيتون في العشرين عام الأخيرة بصفة كبرى ويعود ذلك إلى تحسّن صورة زيت الزيتون البكر الذي أصبحت منافعه الصحيّة حديث العامة والخاصة. فيما كان استهلاك زيت الزيتون العالمي فيما بين 1980/1979 و 1982/1981 يقدر سنويا بـ 000 589 1 طن، أضحى يقدر فيما بين 2001/2000 و 2006/2005 بـ 300 724 2 طن أي بزيادة تقدر نسبتها بـ 70 %.

لتلبية هذا الطلب المتزايد في السّوق ارتفع الإنتاج على الصعيد العالمي بشكل متواتر بنسبة 80 % أي من 000 530 1 طن في ما بين 1980/1979 و 1982/1981 إلى 800 778 2 طن في ما بين 2001/2000 و 2006/2005.

مساحات غراسة الزيتون على الصعيد العالمي

البلاد	المساحة بوحدة	
إفريقيا		
تونس	1 680 000	
المغرب	600 000	
الجزائر	240 107	
ليبيا	120 000	
مصر	58 000	
جنوب إفريقيا	4 200	
انغولا	400	
أمريكيا		
الأرجنتين	100 000	
الولايات المتحدة الأمريكية	15 800	
المكسيك	15 500	
الشيلي	7 500	
البيرو	5 605	
أوروغواي	1 935	
البرازيل	840	
آسيا		
تركيا	700 000	
سوريا	530 000	
الأردن	122 000	
فلسطين	91 000	
إيران	80 000	
لبنان	43 000	
إسرائيل	21 500	
قبرص	11 250	
العراق	10 000	
الصين	660	
أوروبا		
اسبانيا	2 479 000	
ايطاليا	1 200 000	
اليونان	1 125 000	
البرتغال	340 000	
فرنسا	46 697	
ألبانيا	45 000	
كرواتيا	25 800	
سلوفينيا	1 500	
مالطا	340	
جزر الباسيفيك		
استراليا	25 000	
نيوزيلندا	2 600	
بلدان اخرى	4 000	
المجموع	9 754 234	
منطقة المتوسط بأكملها	9 480 194	% 97,2

المصدر :COI

يعود هذا الإرتفاع في الإنتاج إلى ازدياد الأراضي الزراعية المخصصة لغراسة الزياتين من 8,8 مليون هكتار في سنة 1995 إلى ما يُقارب من 10 ملايين هكتار حسب أحدث الإحصائيات. كما أضحى من الممكن زيادة الإنتاج بشكل ملحوظ بفضل التطوير المستمر للتقنيات الزراعية و غراسة أنواع جديدة من أشجار الزيتون. رغم كل الجهود المبذولة لتحسين مردودية الإنتاج تبقى محصول الزيتون رهن الظروف المناخية وسقوط الأمطار التي قد تختلف من موسم إلى آخر.

تحتل غراسة أشجار الزيتون والاعتناء بها في تونس مكانة هامّة في المجال الاقتصادي الاجتماعي. تُغطّي أكثر من 65 مليون شجرة زيتون ما يقارب 30 % من المساحة الجملية المستغلة زراعيا أي ما يقدر بـ 1,7 مليون هكتار. تمتلك تونس ثاني أكبر مساحة مخصّصة لغراسة أشجار الزيتون بعد إسبانيا. حوالي 18 % من المساحة الجملية العالمية لحقول الزياتين توجد بتونس. 97,2 % من مجموع المساحة الزراعية لحقول الزياتين توجد بالبلدان المطلة على حوض البحر الأبيض المتوسط. أنتجت هذه البلدان في موسم 2006/2005 نسبة 98 % من كمية الإنتاج العالمي لزيت الزيتون.

تحتل تونس المرتبة الثانية فيما يخص المساحة المخصصة لحقول الزياتين المرتبة الرابعة بخصوص عدد أشجار الزيتون. علاوة عن ذلك تعد تونس ثاني أكبر منتج ومصدّر لزيت الزيتون على الصعيد العالمي بعد الاتحاد الأوروبي.

يعود الازدياد العالمي في استهلاك زيت الزيتون والذي تبعه ارتفاع في الإنتاج بالتأكيد إلى تغير الثقافة الصحية لدى المستهلك. مهدت لهذا التغيير حملات التوعية والترويج الصادرة عن الاتحاد الأوروبي الذي يعمل على تعميقه.

أصدرت مجموعة من الخبراء قبل بضع سنين وثيقة إجماع كتوصية للإتحاد الأوروبي مفادها: "إن القرائن العلمية أضحت كافية لتبرير تلك الحملات التي تقوم بتحسيس السياسيين و الحكومات ومكاتب وخبراء الصحة والأطباء و وسائل الإعلام وخبراء التغذية ومنتجي المواد الغذائية ومروجيها والمدارس والرأي العام بأن زيت الزيتون وقواعد الغذاء المتوسطي ذي منافع جمّة للتغذية السليمة في الدول الأوروبية". ثبتت صحة هذه التوصية من خلال العديد من نتائج البحوث الطبية الذي تبين وتبرهن بكل وضوح على المنافع الصحية لتغذية يشكّل فيها زيت الزيتون البكر المصدر الأساسي للدهنيات. كثيرا ما تتمّ في هذا الصدد التطرّق إلى ما يُسمّى بالتغذية المتوسطية.

تطور الاستهلاك العالمي لزيت الزيتون فيما بين 1996 - 2006 (بحساب الطنّ)

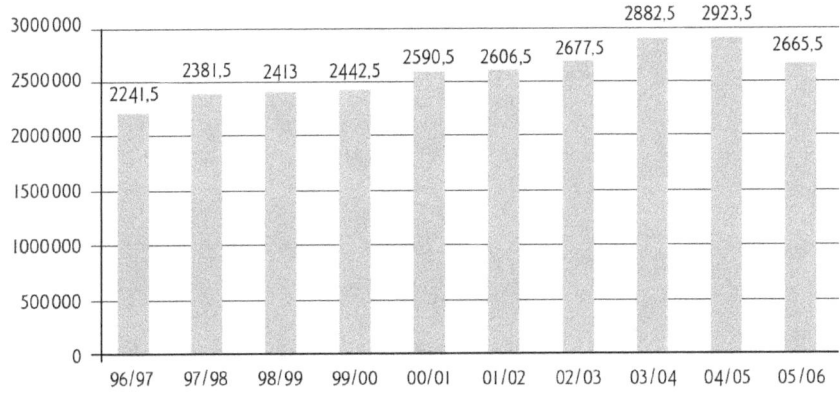

المصدر: COI

لا تُعدّ بلدان البحر الأبيض المتوسّط اكبر منتج لزيت الزيتون فحسب بل هي اكبر مستهلك له بنسبة 80 % من مجموع الكمية المنتجة عالميا.

تتصدّر أوروبا قائمة المستهلكين بنسبة 71 % من الاستهلاك العالمي، أي ما يزيد عن 1,9 مليون طن. 84 % من هذه الكمية تُستهلك في الثلاثة دول المنتجة لزيت الزيتون وحدها و هي ايطاليا (40,3 %) و اسبانيا (29,9 %) واليونان (13,8 %). كما نلحظ ارتفاعا مستمرّا لاستهلاك بعض البلدان التي في العادة لا يقترن اسمها بزيت الزيتون، فمثلا تستهلك فرنسا 4,9 % من جملي الاستهلاك الأوروبي، أما بريطانيا 2,5 % و ألمانيا 2,1 %.

تستهلك القارة الأمريكية معدّل 000 270 طن سنويا أي ما يُعادل تقريبا نسبة 10 % من الاستهلاك العالمي. تستهلك الولايات المتحدة وحدها 75 % من هذه الكمية، تليها كندا والبرازيل و المكسيك.

10 % من الاستهلاك العالمي يتم استهلاكه في آسيا بما فيها الشرق الأوسط، حيث تستهلك سوريا (43,2 %) و تركيا (20,5 %) معا 64 %، في حين يقدّر استهلاك اليابان بـ 11 % من جملي استهلاك القارة.

يُقدّر استهلاك إفريقيا بـ 000 150 طن، أي ما يعادل 5,5 % من الاستهلاك العالمي، 88 % منها تُستهلك في شمال القارة، في تونس و المغرب والجزائر على وجه الخصوص.

الدول الأربعة الأكثراستهلاكا لزيت الزيتون في العالم سنويا هي ايطاليا بنسبة 29,2 % تليها اسبانيا بنسبة 21,6 % واليونان بنسبة 10 % ثم الولايات المتحدة الأمريكية بنسبة لا تقل عن 8 %.

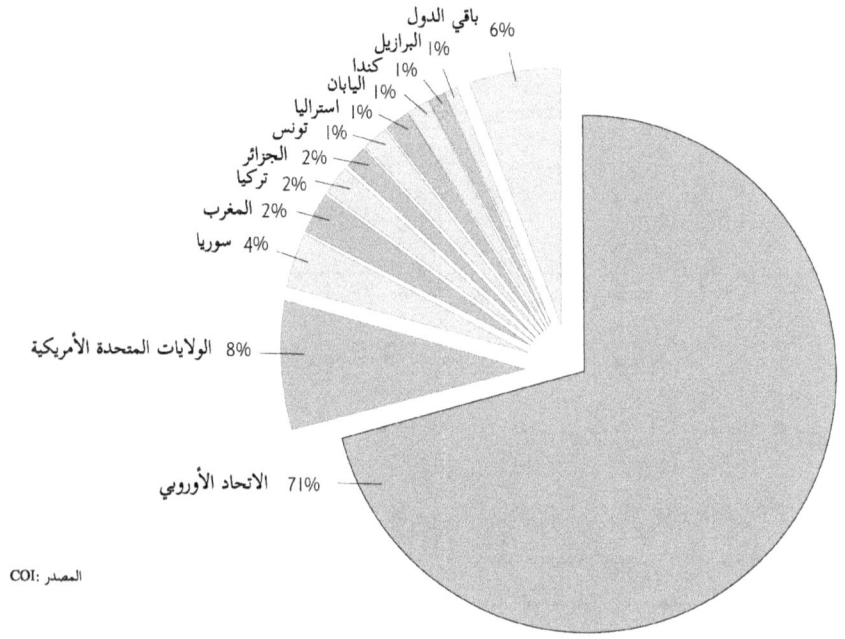

الاستهلاك العالمي لسنة 2005\2006 (بحساب الألف طن)

المصدر: COI

الاتحاد الأوروبي	1885,0	تونس	38,0	فلسطين	10,0
الولايات المتحدة الأمريكية	215,0	استراليا	34,5	ليبيا	9,0
سوريا	94,0	اليابان	30,0	إيران	6,5
المغرب	55,0	كندا	26,0	الأرجنتين	5,5
تركيا	50,0	البرازيل	26,0	كرواتيا	5,0
الجزائر	41,5	إسرائيل	17,0	باقي الدول	117,5

نظرا للطلب المتزايد على زيت الزيتون البكر عالي الجودة أضحت مصاريف غراسة زياتين فتيّة وتكاليف تجهيزات الري إلى جانب تكاليف البحوث الرامية إلى تطوير وخلق أنواع جديدة من الزيتون وبحوث تطوير التقنيات الزراعيّة تلقى في العديد من البلدان دعما ماديا. في هذا السياق

يجدر بنا ذكر تونس على وجه الخصوص التي وضعت برنامج دعم هادف ُيسمى بـ "إستراتيجية تطوير غراسة الزياتين للفترة ما بين 1988 - 2010" و التي تعمل من خلاله على دعم غراسة زياتين جديدة، لذلك أضحى من المتوقع أن تستمر تونس في استغلال إمكانياتها على أحسن وجه وتأكيد مكانتها في سوق عالميّة تتغيّر ملامحها باستمرار، إلا أن هذه الأهداف ليست بالسهلة حيث لإنجاح هذه البرامج يستوجب توفير الموارد الماليّة الضخمة و الوسائل اللازمة والطرق الحديثة المناسبة إلى جانب أحدث التقنيّات المتطورة. لقد أضحى من الممكن مثلا بفضل بعث أنواع جديدة من الزيتون وبفضل طرق غراسة جديدة وطرق متطوّرة ومنظمة للريّ تقليص المدة الفاصلة بين عملية غرس الزيتونة وأوّل عملية استغلال لها إلى أقل من 5 سنوات. فضلا عن ذلك يمكن زيادة كميّة الإنتاج بالهكتار الواحد من خلال تقليص المسافة الفاصلة بين الشجرة والأخرى.

يعمل في قطاع الزياتين و إنتاج زيت الزيتون بالبلاد ما يقارب 000 270 عامل أي أكثر من نصف مجموع العاملين بالقطاع الفلاحي (57 %)، فضلا عن ذلك توفر شجرة الزيتون مورد رزق لأكثر من مليون تونسي يعملون موسميا في قطاع الزيتون. في المجموع يوفر هذا القطاع كمّا من العمل يقدر بـ 34 مليون يوم عمل في السنة.

أكثر من نصف المحصول من الزيتون أي 54 % يتمّ إنتاجه في الجنوب التونسي يليه الوسط التونسي بنسبة تقدر بـ 29 % تقريبا ثم الشمال بنسبة 17 % من جملي الإنتاج.

30 % من زيت الزيتون التونسي هو زيت زيتون بكر رفيع!

تنتج عدة تقلبات في إنتاج الزيتون بسبب ارتباطه الوثيق بعوامل المناخ و طبيعة الزياتين التي تُنتج مرة كل سنتين. حسب أرقام الإنتاج و التصدير للفترة ما بين 2001/2000 و 2006/2005 تم في تونس إنتاج 500 144 طن من زيت الزيتون كمعدل سنوي. بسبب فترة جفاف طويلة عرفتها تونس لثلاث سنوات متتالية لم يتم إنتاج سوى 000 35 طن في موسم 2002/2001 و 000 72 طن في موسم 2003\2002. في الموسم التالي 2004/2003 عرف الإنتاج رقما قياسيا تاريخيا حيث بلغ 000 280 طن. تصدر 70 % من مجموع الإنتاج السنوي لزيت الزيتون أي ما يعادل 300 97 طن، في حين تسخّر 200 47 طن فقط للاستهلاك المحلي. تحتل تونس المرتبة الثانية في الدول المصدرة لزيت الزيتون بعد الاتحاد الأوروبي بنسبة 17,8 % من جملي الصادرات العالمية لهذا المنتوج.

مقارنة بين حجم الإنتاج و الصادرات في تونس

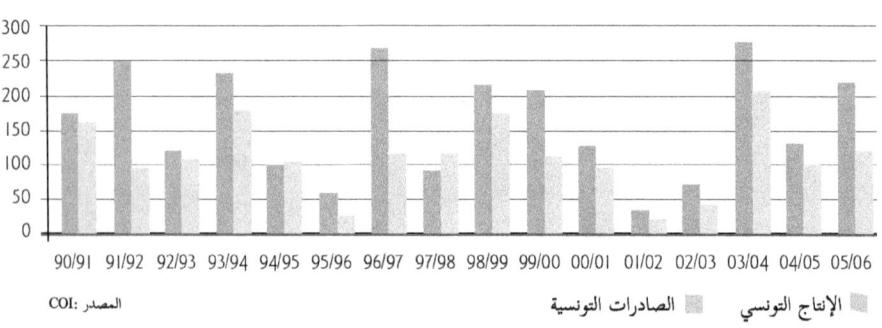

300
200
0
المصدر: COI

97 % من الزيت الذي تصدره تونس يسلّم إلى كبار المشترين و يُرسل في حاويات و صهاريج و براميل. 3 % فقط من الزيت المعد للتصدير يُعبّأ في تونس في شكل قوارير. إن معطيات السوق تدفع بتوسيع هذه العملية حيث من المفترض أن تبلغ في موفى 2010 نسبة زيت الزيتون التونسي المعد للتصدير والذي يعبأ في تونس نسبة 20 %. تمثل الصادرات من زيت الزيتون أكثر من 44 % من مجموع الصادرات الفلاحيّة و 4 % من مجموع الصادرات التونسية، مما يجعلها مصدرا هاما للعملة الصعبة. يصدر القسط الأكبر من هذه الصادرات (96 إلى 99 %) إلى الإتحاد الأوروبي. تتصدر إيطاليا قائمة المشترين بنسبة 63 % تليها اسبانيا بنسبة حوالي 21 %. في حين تعتبر نسبة فرنسا التي تقدر بـ 12 % جديرة بالتنويه. تُصدّر الأربعة بالمائة الباقية بشكل متنامي إلى الولايات المتّحدة الأمريكية و دول الخليج.

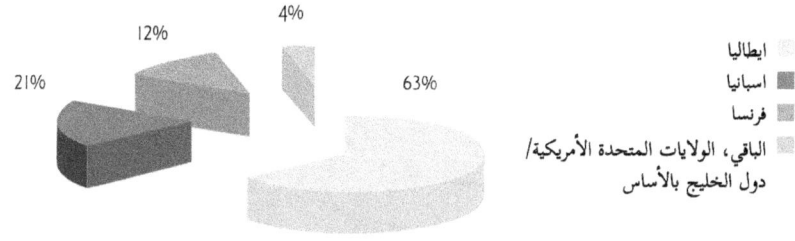

المصدر: ONH

إذا ما تأمّلنا في نسب الاستهلاك الفردي فإنه من المُلفت ان ترتيب الدّول من حيث الاستهلاك يتطابق تقريبا مع ترتيبها من حيث الإنتاج. إلاّ أن نسب الاستهلاك في البلدان غير المنتجة تقليديا لزيت الزيتون أضحت في ازدياد مستمرّ بسبب تكثّف عملية توعية العامة بمنافع التغذية المُعتمدة على زيت الزيتون. مع ذلك مازال يُنظر في البلدان التي تفتقد لثقافة عريقة في مجال إنتاج زيت الزيتون البكر إلى هذا المنتوج كعنصر ترف، في حين يُعتبر هذا المنتوج في البلدان التي اقترن اسمها به تقليديا كاليونان و إسبانيا و ايطاليا و تونس مادة غذائية يومية لا يُمكن الاستغناء عنها.

تبعا لذلك فإنه ليس بالمفاجئ أن تتصدّر اليونان قائمة الاستهلاك الفردي بقيمة 20,5 كغ من الاستهلاك الفردي السنوي، تليها ايطاليا و اسبانيا بقيمة 14,1 و 12,2 كغ، تتبعهم سوريا بقيمة 6,9 كغ للفرد الواحد. تتصدّر استراليا قائمة البلدان المستهلكة غير المنتجة لزيت الزيتون بقدر 1,8 كغ من الاستهلاك الفردي السنوي، تليها فرنسا و سويسرا بقيمة 1,4 كغ الى جانب الولايات المتحدة الأمريكية و ألمانيا و اليابان.

الاستهلاك الفردي السنوي لزيت الزيتون بحساب الكيلوغرام
(معدّل السنوات ما بين 2000/2001 - 2005/2006)

0,7	تركيا	1,4	فرنسا	4,2	تونس*	20,5	اليونان
0,5	ألمانيا	1,4	سويسرا	4,0	البرتغال	14,1	ايطاليا
0,3	اليابان	0,9	الولايات المتحدة	1,8	استراليا	12,2	اسبانيا
0,2	فنلندا	0,8	بريطانيا	1,5	المغرب	6,9	سوريا

* حسب الأرقام الرسمية الصادرة عن تونس يُقدّر الاستهلاك الفردي السنوي بـ 6 كغ.

المصدر: ONH

معلقة إشهار تعود إلى الستينيات من القرن الماضي.

تحتلّ فنلندا آخر مرتبة في قائمة البلدان المستهلكة لزيت الزيتون بقيمة 200 غ من الاستهلاك الفردي. لمن الملفت ان فنلندا احتلّت المرتبة الأولى في الدراسة التي تسمى بـ"دراسة البلدان السبع" و التي تتعلّق بعدد الوفايات الناجمة عن أمراض القلب و الدورة الدموية (انظر الصفحة 101)، في حين تمّ في اليونان و بالتحديد في جزيرة "كريتا" اكتشاف النّمط الغذائي الأكثر صحّية حيث سُجّلت أقلّ نسبة من الوفيات الناجمة عن أمراض القلب و الدورة الدموية عند المشاركين في هذه الدراسة. تدلّل هذه الدراسة الطويلة المدى بدون أدنى شك على العلاقة القائمة بين التغذية الصحّية المعتمدة على زيت الزيتون البكر و نشوء أمراض القلب و الدورة الدموية.

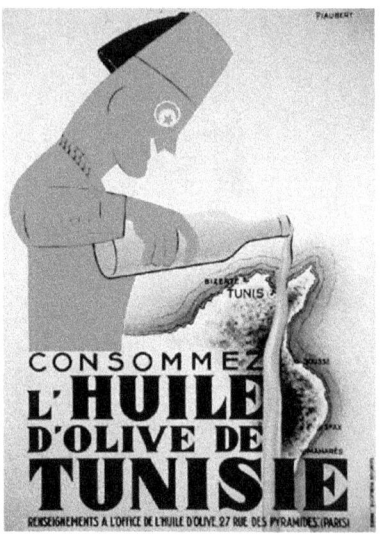

يُعتبر استهلاك زيت الزيتون البكر في تونس مثل سائر بلدان البحر الأبيض المتوسط أمرا متجذّرا. يُعدّ منذ قرون مُكوّنا لا يمكن الاستغناء عنه في الطبخ التونسي. كان التونسيون إلى حدود سنة 1962 لا يستهلكون إلا زيت الزيتون. فيما بعد تمّ إتباع سياسة تعمد إلى استيراد زيوت نباتية رخيصة لفائدة الطبقات الفقيرة و المعوزة. مقابل ذلك أضحى زيت الزيتون التونسي يُصدّر بأثمان مرتفعة ممّا يُوفّر عائدات من العملة الصعبة كانت ضرورية بإلحاح لعملية بناء و تطوير الاقتصاد. تقوم الدولة التونسية الى حدّ اليوم بدعم الزيوت النباتية الرّخيصة المستوردة كزيت السوجا و عباد الشّمس، حيث لا يدفع المستهلك في النهاية سوى نصف السّعر الحقيقي لهذه الزّيوت.

لقد أدخلت هذه السياسة لمدّة طويلة تغييرا على العادات الاستهلاكية للتونسيين، فقد حلّ بسوق زيت الزيتون الدّاخلية خلل واضح إن لم نقل ضررا كبيرا بسبب استيراد هذه الزيوت النباتية الرّخيصة. لقد تعوّد التونسيون على اعتماد زيوت السوجا و البذرة في طبخهم. إلا أن استهلاك زيت الزيتون بدوره عاد إلى الارتفاع و لو ببطء، و يعود ذلك لتغيّر الثقافة الصحية للمستهلك التونسي إلى جانب انتشار نوع من رخاء العيش لدى التونسيين. أمّا الطبقات الفقيرة فتبقى إلى اليوم عاجزة عن اقتناء زيت الزيتون البكر الذي يُعدّ باهض الثّمن.

تصحّ في تونس إلى اليوم المقولة القديمة: يبقى زيت الزيتون حكرا على الفلاحين الذين ينتجونه و على المحظوظين الذين يقدرون على اقتنائه.

النوعية

شجرة الزيتون

من المألوف أن تبلغ شجرة الزيتون عمرا شبه أسطوري يتراوح بين 300 و 800 سنة، كما تبلغ بعض الزياتين عمرا يفوق حتى 1000 سنة. عمر الزياتين الطويل يعكس بنيتها متانتها وحصانتها المنيعة. المواد الطبيعية التي تحتوي عليها شجرة الزيتون و على وجه الخصوص مادة "الأوليوروبين" (Oleuropein) تجعل منها شجرة منيعة إزاء عدد كبير من الآفات حيث لا تقدر أي آفة أن تنال منها. يتراوح ارتفاع الشجرة من 10 إلى 16 م، و في بعض الحالات يصل ارتفاعها إلى حدود 20 م. و ما يميزها هو ذلك الجذع الكثيف العقد و التجعّد و كأنه يحكي لنا عن عمرها الطويل إلى جانب تاجها الورقي ذي الإشعاع الفضي. تُعدّ أوراقها ذو لونين: ففي جانبها العلوي ذي الشعيرات الرقيقة يكون لونها أخضر زيتوني داكن وفي جانبها السفلي تكون ذا لون أبيض فضي. إنها شجرة دائمة الاخضرار، حيث أنها تملك أوراقا يمتد عمرها إلى حدود 3 سنوات تقريبا وهي تتجدد باستمرار، كما تمتلك شجرة الزيتون جذورا صلبة ممتدة الفروع، بعمق يصل إلى حد 6 أمتار يمكنّها من ترصّد الماء والغذاء.

توجد أقدم وأكبر شجرة زيتون في شنني بالجنوب التونسي وعمرها يناهز 1200 سنة، يبلغ إنتاجها من الزيتون 2200 كغ سنويا، وهي كمية توفر أكثر من 500 كغ من زيت الزيتون!

تعطي شجرة الزيتون ثمارها الأولى بعد 4 إلى 5 سنوات، إلا أن الاستفادة الفعلية من محصولها يتزامن مع سنها العاشرة، عندها توفّر لصاحبها ما بين 50 و 70 كغ من الزيتون و هي كمية كفيلة بإنتاج 10 إلى 18 لترمن زيت الزيتون البكر. مع ازدياد درجة نضجها وبفضل درجات الحرارة الشتوية المنخفضة تزداد كمية زيت الزيتون التي تُستخرج من محصولها. يمكن لكمية الزيت المستخرج من حقول الزيتون الشاسعة الممتدة على مئات الهكتارات والتي تستغرق عملية جني محصولها أسابيع أن ترتفع من 15 % في البداية إلى 25 % أو حتى أكثر لاحقا. هذا يعني بلغة الأرقام الصريحة أن 100 كغ من الزيتون توفر في البداية 15 كغ من زيت الزيتون لترتفع فيما بعد إلى 25 كغ.

يتمّ احتساب كمية زيت الزيتون أثناء عملية الاستخراج وفي إطار البيع بالجملة عن طريق الوزن أي بوحدة الكيلوغرام أو الطن. بعد تعبئة الزيت في قوارير تتغير وحدة احتسابه إلى وحدة اللتر. كيلوغرام واحد من زيت الزيتون يوازي سعة 1,1 ل. يزن لتر واحد من زيت الزيتون ما يقارب 0,9 كغ.

بفضل تحديث طرق التوليد و الغراسة وبواسطة الاستعانة بطرق الري و التسميد المنتظمة يمكن لشجيرة زيتون فتيّة أن تُنتج 10 كغ من الزيتون تقريبا بعد انقضاء 3 إلى 4 سنوات على زرعها. يتمّ في العملية التقليدية لتكاثر الزياتين قطع جذور شجرة زيتون قديمة إلى قطع، تغرس هذه القطع في التربة وتسقى، إن الأشجار التي تنشأ بهذه الطريقة تكون حصينة وطويلة العمر. في الطريقة الحديثة لتكاثر الزياتين يقع غرس عوض قطع من جذور الشجرة فسيلة أي أجزاء مقتضبة من الجذ ع، سرعان ما تُنشأ جذور وتمنح صاحبها محصول قيّما. إلا أن هذا النوع من الأشجار يكون أقل مناعة إزاء عوامل المناخ القاسية وزحف الديدان.

هذه شجيرة زيتون فتية من نوع "كورونايكي" عمرها ستة أشهر.

يتفاوت محصول شجرة الزيتون بصفة كبيرة جدا، حيث ترتبط كمية المحصول طبيعيا بعوامل طقس السنة المنقضية التي تؤثر على نموّ الزيتون، كما ترتبط كمية المحصول بصنف الشجرة ذاتها وموقعها، فشجرة الزيتون الناشئة على الطريقة التقليدية تنتج ثمارا على مدى 100 سنة في حين لا يجدر استغلال تلك الأشجار الناشئة من الفسيلة بعد مضي 30 سنة. لا تنتج شجرة الزيتون ثمار إلا كلّ سنتين حيث أنها تستغل الفترة العقيمة لولادة براعم جديدة تنشأ في مكانها ثمارا في السنة اللاحقة. لا يُنشئ خشب شجرة الزيتون طيلة عمره الطويل ثمارا سوى مرّة واحدة، أي أنّ حبّات الزيتون لا تنشأ إلاّ انطلاقا من البراعم الجدّ فتية.

لذلك نجد في شجرة الزيتون الناشئة على الطريقة الحديثة ثلاثة أنواع متجاورة من الخشب أي من الجذوع. يكون عمر الخشب غير المنتج الثمر سنة واحدة، إذ انه ينجب ثمارا مرة واحدة و ليس بإمكانه إنجاب ثمار مرة أخرى. يُمكن التعرّف على هذا الخشب من خلال لونه الداكن الباهت. يمكن لهذا الخشب ان يُنشأ براعم جديدة. تكون البراعم الفتية التي نشأت في السنة المنقضية في العادة أكثر طراءا. يكون لونها لامعا ذا اخضرار برّاق و تكون أوراقه فتية و واضحة الاخضرار. يُمكن التعرّف بسهولة على هذه البراعم في الخبايا التي تتكوّن ما بين الجذع و الورق. أمّا النوع الثالث فيُسمّى بالطفيليات. يتعلّق الأمر هنا ببراعم جديدة تعود الى السنة المنقضية و لا تلد ثمارا. تتكوّن على جوانب الجذع او على جوانب الغصون القديمة. عادة ما تنشأ في منتصف الشجرة و تنبثق في الغالب انطلاقا من حافة جرح منبثق هو بدوره من فتحة تعود إلى السنة المنقضية. يُمكن التعرّف على هذه البراعم من خلال نشأتها العمودية الواضحة و قشرتها الملساء.

تُعطي أزهار الزيتون صورة تقريبية لميزات الموسم المُرتقب، لكن ليست كلّ زهرة تتحوّل إلى حبة زيتون.

تُزهر الزياتين في تونس في ما بين منتصف شهر مارس إلى موفى جوان تقريبا. تُعد هذه الفترة محفوفة بالمخاطر. حتّى يكون المحصول جيدا تحتاج شجرة الزيتون إلى درجات الحرارة المنخفضة والى أمطار الشتاء، كما تحتاج إلى دفء شمس شهر مارس وما يليه من أشهر. يتفاعل شجر الزيتون شاكرا مع أمطار الربيع حيث ينتج أكثر ثمارا. لكن إذا ما بدأ الربيع بشكل سيء، فان يوما واحدا من البرد القارص كفيل بالقضاء على كامل المحصول المرتقب.
مع الإطلالة الأولى للشمس في شهر مارس تبدأ شجرة الزيتون في تغيير شكلها، تنشأ في البداية آلاف البراعم الصغيرة و التي من السهل الخلط بينها و بين حبات الزيتون على وجه الخطأ. ثمّ فجأة و بين يوم و آخر تبرز هذه البراعم و تلوح منفردة، لتصبح أكثر و تتحوّل إلى أزهار بيضاء صغيرة ذي أربعة أوراق. كما لو أن خبر حلول الطقس الدّافئ المشمس بعد انقضاء الشتاء الممطر البارد قد انتشر في كامل أطراف الشجرة فتراها في سرعة عجيبة لبست حلّة من الأزهار. تتملّك الهواء المحيط بها رائحة الليمون الرائقة. مع كلّ هبة ريح تبعث أزهار الزيتون كمّيات كبيرة من اللقاح. تنغمر شجرة الزيتون في حلّة بيضاء رقيقة و من تحتها التربة المرشوشة بغبار الأزهار الأصفر.
بعد انقضاء 24 ساعة تزول تلك الأزهار الصغيرة و تُصبح بنية اللون فتسقط على الأرض. ¾ هذه الأزهار ذكرية و تسقط بأكملها على الأرض، أمّا في مكان الأزهار الأنثوية فتبقى حبات صغيرة تُصبح ثمارا تُعرف بالزيتون.

الزيتون

لا يوجد في الواقع زيتون أخضر وأسود بل أن اللّون يعكس فقط درجات النضج المتفاوتة. كل أنواع الزيتون يكون لونها في البدء أخضر ثمّ يتغير هذا اللّون باستمرار أثناء عملية النضج إلى الأخضر البنفسجي ثمّ إلى البنفسجي الأسود. يتعرّف أهل الاختصاص على الموعد المناسب للجني من خلال ذلك الإشعاع الأبيض الذي يحيط بحبة الزّيتون الناضجة.
يوجد اليوم 30 صنفا تحتوي بدورها على ما يقارب من ألفي نوع، إلا أن اختلاف أنواع الزيتون لا يكمن في اللّون بل في الحجم والشكل وفي تركيبتها الكيميائية ومحتواها من الزيت. يوجد حبات الزيتون الصغيرة و المتوسطة و الكبيرة وتكون دائرية أو بيضاوية أو حادة شكل. تكون بعض أنواع الزيتون طرية و لامعة في حين يكون البعض الآخر متصلّبا و متجعّدا وملطّخا. البعض من أنواع الزيتون تكون صالحة لاستخراج الزيت في حين تستغلّ أنواع أخرى كزيتون موائد فحسب.

زيتون شملالي

أنواع الزيتون المألوفة في البلاد التونسية هي التالية:

شملالي

يعتبر أهم صنف من الزيتون في استخراج الزيت ويشكل أكثر من 60 % من الزياتين التونسيّة. تزن حبات الزيتون 1,2 غ و تتكثّف غراسة هذا الصنف في جهة السّاحل، وفي الوسط والجنوب التونسي بالخصوص. يكون الزيت المستخرج من هذا الصنف في بداية نضجه ذا مذاق ثمري، مر ولاذع بعض الشيء، يكون مذاقه شبيه باللوز الأخضر و الأعشاب الخضراء وفي حالات نادرة ذا مذاق شبيه بمذاق التفاح. أمّا الزيت المستخرج من الثمار الكاملة النضج فيكون لطيف المذاق، ذي نكهة ثمار خفيفة تميل الى طعم اللوز الجاف.

الشتوي

ثاني أكثر نوع ُيعتمد في استخراج الزيت. يوجد أساسا و بكثافة في الشمال. هناك نوعية شبيهة جدا ـ عدا الحجم ـ بـ "الشتوي" و توجد أساسا بمنطقة نابل و تُسمى "الشعيبي". يُقدّر معدّل وزن

زيتون الشتوي

"الشتوي" بـ 2,8 غ، في حين يكون "الشعيبي" أكثر وزنا و حجما.
يكون الزيت المستخرج من هذين النوعين زيتا ذا مذاق ثمري و مرّ و حار بدرجة متوسطة إلى عالية مع نكهة نافذة تميل إلى مذاق اللوز الأخضر. مع نضج الثمار تتقلّص المرارة لكنّها لا تتلاشى.

القيم

تُعتبر نوعية غير معروفة إلاّ أنها هامّة. تتواجد بجهة القيروان. تزن هذه الثمرة دائرية الشكل في العادة 2 غ و توفّر 5 % من مجموع زيت الزيتون التونسي. تتميّز بارتفاع نسبة الزيت التي تحتويها (إلى حدود 35 %) و هي أول نوعية يتمّ جنيها في الموسم أي في الفترة ما بين منتصف أكتوبر إلى نهاية ديسمبر. يكون الزّيت المستخرج من هذه النوعية خفيفا، حلو المذاق، واضح اللون لدرجة البياض.

المسكي

يعتبر زيتون الموائد الأكثر انتشارا في تونس. تزن حبّة الزيتون من هذه النوعية 6,9 غ وتتواجد في كلّ حقول البلاد.

إضافة إلى تلك الأنواع يوجد في تونس نوعيات أخرى عديدة اقل أهمية و التي تتخذ في العادة اسم المنطقة أو المكان الذي تتواجد به. لا يمكن إلا لأهل الاختصاص التمييز بين مختلف هذه الأنواع استنادا على تركيبتها الكيميائية.

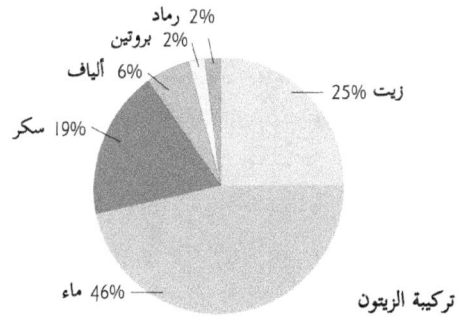

تركيبة الزيتون

تتكوّن حبة الزيتون من 15 إلى 25 % من الزيت. تتواجد نسبة 96 الى 98 % من هذا الزيت في حشو الثمرة و الباقي منه يتأتّى من بذور النواة. تتراوح نسبة الماء الكامنة في حبة الزيتون بين 30 و 60 % في حين تُقدّر نسبة السّكر بـ 19 %. كما تحتوي حبة الزيتون على 5,8 % من الألياف و 1,6 % من البروتين و 1,5 % من الرّماد.

تختلف حبات الزيتون في مستوى مذاقها و يتحدّد ذلك بنوعيتها و مكان غراستها (قريبا من البحر أو على ارض منبسطة، أو على سفح أو مكان جبلي) إضافة إلى تأثير المناخ و نوعية التربة و طريقة العناية بها. كما يمكن لأشجار الغلال المختلفة الموجودة في او بجانب غراسات الزياتين أن تؤثّر في مذاق الزيتون بشكل ملحوظ، فمثلا يتمّ في العديد من الحقول البيولوجية غراسة أشجار اللوز بين صفوف الزياتين حتّى تُضفي على مذاق زيت الزيتون البكر نكهة اللوز. في حين تضفي عليه أشجار الليمون طعم الليمون المنعش. تختلف جودة و مذاق زيت الزيتون البكر باختلاف موعد جني المحصول و كيفيّة استخراج الزيت ذاته.

يشكّل موعد جني المحصول و الإسراع في تحويله من العوامل الجد فاعلة للتحصّل على زيت زيتون بكر من الدرجة الرفيعة، حيث يساعد كل تأخير في تحويله الى تخمّر و تأكسد الثمار مما يزيد في نسبة الحوامض الدّهنية المحضة في زيت الزيتون المستخرج من هذه الثمار.

المحصُول

وأخيرا حان موعد الجني! تنحني شجرة الزيتون تحت طائل أثقالها و كأنها تنتظر ساعة جنيها بفارغ الصبر. ترى أفواجا من العائلات وعمال الزراعة يستعدّون في مطلع الشتاء لجني ثمارها الثمين. تطلّع بهيج لذلك الزّيت اليانع الأخضر الحامض يُشعّ في المكان.

تُوجد طرق مختلفة للجني فمنها التقليدي ومنها الحديث منها اليدوي ومنها الآلي و تُعد طريقة الجني اليدوية أكثر طريقة تحفظ حبات الزيتون. يتوزع القائمون بالجني على مجموعات صغيرة تقوم بجني الشجرة الواحدة تلوى الأخرى. يوضع على الأرض تحت الشجرة أغطية و شباك خاصة تسقط وتتجمّع عليها حبات الزيتون التي ُقطفت للتوّ. يسعى القائمون بالجني بعدم خلط الحبات التي تُقطف بتلك الحبات التي سقطت على الأرض بشكل طبيعي، لأن هذه الحبات عادة ما تكون بالغة النضج أو ملوثة، أو مصابة بالديدان أو فاسدة.

إلى حدّ اليوم يتم في تونس جني الزيتون حصريا بالأيدي المُرفقة، إلا أن عمال الجني حتى المتمرّسين منهم لا يقدرون بهذه الطريقة إلاّ على جني بين 80 و 150 كغ يوميا.

بواسطة هذا المشط الصغير و قرون المعز الاصطناعية يتم بحذر تمشيط حبات الزيتون من الأغصان.

بواسطة السّلالم وبفضل مهارة التّسلّق المكتسبة تصل أيدي القاطفة إلى كل غصن حيث يتم جنيه باليد التي تكون الأصابع فيها محمية بقرون الخرفان أو الماعز. تكون هذه القرون إما طبيعية أو اصطناعية. كما يمكن أن يتمّ الجني بواسطة مشط صغير خاص من مادة البلاستيك. يمكن لقاطفة ماهرة أن تجني إلى حدّ 15 كغ في السّاعة. أمّا زيتون الموائد المخصص للأكل فيجب أن يتم جنيه برفق باليد المجرّدة حتّى لا تتعرّض حبات الزيتون لأي أذى أو طمس. يتم تخليص حبات الزيتون التي أسقطت على الأغطية من معظم الأوراق ثم تُجمّع في أكياس الخيش أو من الأفضل تعبئتها في صناديق بلاستيكية مخصصة للغرض.

تعد هذه الطريقة من جني المحصول أقدم طريقة، و هي تحتاج في العادة إلى قدر كبير من العمل والوقت ولذلك تُعدّ مُكلفة. إلا أن جني الزيتون باليد لا يعد طريفا فحسب، بل هي طريقة تلقى اعترافا من أهل الاختصاص وعاشقي زيت الزيتون إذ أنها طريقة الجني الأرفق وتعتبر عاملا أساسيا في عملية استخراج زيت رفيع الجودة. يجُنّب قطف الزيتون باليد قشرة الثمار الضرر وُيبقي على حبات الزيتون نظيفة و سليمة، حيث أنها تصل إلى معاصر الزيتون في حالة مثالية.

تُعتبر طريقة الجني هذه على المدى الطويل أكثر الطرق رفقا بشجرة الزيتون إذ أنها تكون مصحوبة بأضرار خفيفة جدّا، حيث أن الطرق الأخرى للجني التي سنقوم بوصفها لاحقا قد تضر بشجرة الزيتون المتينة بشكل ملحوظ. لتقنيات الجني التالية تقاليد عريقة في العديد من الجهات، يتم في الطريقة الأولى إسقاط حبات الزيتون على الأغطية والشباك المبسطة تحت الشجرة بضربات عنيفة بواسطة عصيّ وأخشاب طويلة. تحتاج هذه الطريقة كما في الطريقة السّابق ذكرها إلى عدد كبير من العمال مما يجعلها طريقة مكلفة نسبيا من حيث المجهود و التكاليف. كما تحمل معها هذه الطريقة خطر الإضرار البالغ بحبات الزيتون وتلك الأغصان الذي من المفروض أن تنمو في السنة التالية. أما الطريقة الأخرى فتتمثل في بسط الأغطية والشباك تحت أشجار الزيتون، ثم يتم جمع الحبات التي سقطت عليها بشكل طبيعي وحملها من حين لأخر إلى معاصر الزيتون. إلا أن هذه الثمار التي تسقط بصفة تلقائية تكون شديدة النضج ممّا يجعلها معرضة للتأكسد المبكّر. كما أنها

تتعرّض للتخمّر و التعفّن بشكل سريع. لذلك يكون زيت الزيتون المستخرج من حبّات الزيتون التي تُجمع من الأرض زيتا ذا قيمة متدنّية.

تُمثّل طريقة الجني الآلي بعكس الطرق السابقة طريقة آلية كليا تتوافق مع عصرنا الصناعي هذا، تمكّن هذه الطريقة بكميات وقدرات متنوعة من جني محصولٍ سريع ومناسب الكلفة. فيما يخصّ الآلات الصغرى يتم سحب شبكة تحت شجرة الزيتون بصفة آلية. ثمّ تمتد ذراعٌ آليّة تشبه الكماشة لتمسك بالأغصان المختلفة، وفي حالة استعمال الآلات الكبرى تمتدّ هذه الذراع الآلية إلى حدّ الجذع حتى تسقط جميع حبات الزيتون على الشّباك، تغلق هذه الشباك بعد ذلك بصفة آلية وُيفرّغ الزيتون في أكياس وصناديق جاهزة للغرض. الطريقة الأخرى للجني الآلي تتمثل في التمشيط الآلي للأغصان وسطح الشجرة. إلا أن الآلات الكبرى للجني لا يتسنّى استعمالها إلاّ في الحقول التي تكون فيها التنظيم الجغرافي للزياتين وحجمها ومسار الحقل تسمح بذلك.

تقوم آلات الجني الضخمة هذه بتمشيط حقول الزياتين بضيعة «كاليفورنيا أوليف» بـ «أوروفيل» ، شمال كاليفورنيا. يتم إفراغ تلك الكميات من الزيتون التي تجنى في جرّار يسير وراء الآلات.

حتّى نحصل على زيت زيتون بكر رفيع يجب بالأساس أن يصل الزيتون إلى نقطة الإنتاج في حالة سليمة حيث يتمّ تحويله بسرعة.

إن الفائدة المقترنة بطريقة الجني الآلي تبدو جلية إذ تُعتبر هذه الطرق بالمقارنة مع الطريقة التقليدية أقل كلفة ولا تتوجب ذلك الزخم من العمل والعمال. لا يمكن اليوم استغلال حقول الزياتين الشاسعة التي تمتد على مئات وآلاف الهكتارات كما هو الحال في استراليا و كاليفورنيا، والأرجنتين وكذلك إسبانيا بطريقة أخرى غير التي تعتمد على الآلات. إلا أن هذه الطرق العصرية في غراسة واستغلال حقول الزيتون تكون مثل بقية القطاعات الزراعية الأخرى مصحوبة بتأثيرات سلبية على نوعية المنتوج وعلى البيئة أيضا. عند اعتماد آلات النفض أو عند استعمال العصيّ تنتج اهتزازات وارتجاجات يمكن لها أن تمتدّ إلى جذور الشجرة مما يضرّ بها بمرور السنين ضررا بالغا. زيادة على ذلك تنتج عند اعتماد آلات الجني ذات المحرّكات هدير وغازات وزيت ملوّث قد تضر بالمحيط البيئي وتسمّمه.

تتم عملية جني الزيتون في تونس إلى يومنا هذا عبر الطريقة التقليدية التي تقوم على القطف باليد ولهذا الأمر تفسير منطقي، حيث لا تزال أغلبية الحقول تُستغل من قبل المزارعين الصغار وعائلاتهم، حيث يتمّ عند موسم الجني حشد كل أفراد العائلة لهذا الغرض فحتى الأطفال الصغار تُوكل لهم مهمة جمع حبات الزيتون التي تسقط بجانب الشباك الممتدة تحت الشجرة. يُعد استعمال الآلات عند الجني بالنسبة لهؤلاء المزارعين الصغار وهذه العائلات اقتصاديا غير مجدية. إلا أنّه حتّى في حقول الزيتون الشاسعة لا تُعتمد الطريقة الآلية. نظرا لتدنّي الأجور يعتبر من المجدي الإبقاء على تلك الطريقة المرفقة والملائمة للبيئة لجني المحصول. قد يُخيّر المرء

تبلغ طاقة استيعاب هذه الصناديق الصحية جدا ما بين 300 و 400 كغ من الزيتون.

في دول الاتحاد الأوروبي على عدم تكليف مزارعين بالجني نظرا لارتفاع مستوى الأجور و عدم توفّر عددٍ كافٍ من عمّال الزراعة جراء قلة الإنجاب. أما في تونس فيُعد اعتماد الآليات في القطاع الزراعي مستقبلاً أمرا مستبعدا. فالأجور وتكاليفها لا تزال تسمح بالاعتماد على عمال الزراعة، التي تقوم بجني المحصول بواسطة اليد. كما يُنصح من الناحية السياسية و الاجتماعية بالاستمرار في هذا الأمر نظرا لتدني المستوى التعليمي لسكان الأرياف، إذ يعني الاستغناء مرة واحدة عن عمال الزراعة كارثة اجتماعية و سياسية.

يصح القول في هذا السياق: للجودة ثمنها! على المستهلك أن يقبل بدفع أثمان عالية بعض الشيء تتماشى مع منتوج عالي الجودة وطبيعي النشأة. تجدر الإشارة هنا إلى أن أكثر العمليات كلفة في عملية إنتاج الزيت هي عملية الاعتناء بالأشجار وبالخصوص عملية الجني التي تشكل 80 % من التكاليف الجملية.

في حقول الزياتين البيولوجية «قصر الزيت» يتم حرث الأرض الفاصلة بين أشجار الزيتون حديثة العهد بطريقة تقليدية رفيقة بالبيئة من خلال استعمال الحصان والبغال.

العناية بالأشجار

لئن تعد شجرة الزيتون شجرة فائقة المتانة فإنه لا مناص لمالكها أن يعتني بها بشكل جيد على مدى العام. هذه الشجرة تعبر عن امتنانها لهذه العناية الجيدة بتوفير محصول وافر.

أسس هذه العناية تتمثل في الحرث والعزق للتربة بواسطة الجرار. يكون من الأفضل تكرار هذه العملية. يجب على كل حال حرث الأرض على الأقل مرتين في السنة. تجعل هذه العملية تربة أرض أقل صدّا لتسرب الماء، حيث تجفّ التربة وتتصلّب في تونس بسبب درجات الحرارة المرتفعة، إذا ما نزلت الأمطار فإن مياهها تسيل ولا تنفذ إلى جوف الأرض الصلبة بالسرعة اللاّزمة. كما تُنعش عملية طمر الأعشاب و الحشائش الملايين من الجسيمات الصغيرة و البكتيريا و الفطريات التي تجعل بدورها من بقايا الأعشاب الميتة و فضلات الحيوانات تربة عضوية مُغذّية. من ناحية أخرى يساعد الحرث المستمر لحقل الزيتون في فصل الشتاء على القضاء على مخابئ ذبابة الزيت والزيتون التي تُعدّ أكبر عدو طبيعي لشجرة الزيتون والتي تُقضّي أشهر الشتاء مختبئة في التربة في عمق 3 سم تقريبا، إنها تتّخذ من حبة الزيتون وكرا للتكاثر إذ أنها تثقب قشرتها الصلبة، حيث تضع بويضاتها داخل حشو الحبّة، الذي لا يزال في طور الاخضرار. تنبعث من تلك البويضة دودة ناعمة تتحوّل في غضون 10 إلى 12 يوم إلى حشرة كبيرة تترك في حبّة الزيتون آثار قضمها المليئة بالفضلات. لا يُعدّ هذا مقزّزا فحسب بل انّه يضرّ بجودة زيت الزيتون البكر حيث تنشأ في مكان القضم تأثيرات تأكسد و تخمّر فاعلة. إن الضرر الذي تسبّبه ذبابة الزيتون قد يأخذ شكلا أكثر فداحة. إذا ما سقطت حبات الزيتون الحاملة لتلك الحشرات على الأرض، تختبئ هذه الحشرات في التربة طيلة الشتاء أو أنّها تنجب في أسوأ الأحوال في غضون عشرة أيّام جيلا جديدا من الذباب.

إنّهم قليلون أولئك المزارعون التونسيون الذين يعمدون إلى ري زيا تينهم باستمرار أو خلال فصل الصيف الحار. إلاّ أن الرّي يضمن محصولا جيّدا و يُبقي على شجرة الزيتون في حالة سليمة، إذ قد تتضرّر شجرة الزيتون تحت طائل الحرارة الجدّ المرتفعة. في مواسم الصيف البالغة الحرارة

تمثّل ذبابة الزيت أو الزيتون "داكوس أُوليا" (Dacus Oleae) أكبر ضار طبيعي لشجرة الزيتون.

و الجفاف قد يصل الأمر تحت تأثير ظروف قاسية إلى تجفّف أو حتى احتراق كامل أطراف الجذع. تكون الحروق في بعض الأحيان بالغة إلى درجة تودي بحياة الشجرة بأكملها. إلاّ أن سقي الزياتين لا يكون دائما ممكنا إذ غالبا ما تتواجد حقول الزياتين في مواقع صعبة الوصول لا تتوفّر فيها منابع مياه أو مياه جوفية حيث تكون عملية البحث عن المياه بلا جدوى. إضافة إلى ذلك تقترن عملية الرّي "قطرة قطرة" في العادة بتكاليف جد مجحفة تتعلّق بالاستثمار و الآعتناء.

في مقولة باللهجة تونسية يقول الفلاّح لشجرة الزّيتون: "نسقيك" (أسقيك) فتجيب الشجرة: "نغنِيك" (سأجعل منك رجلا غنيا). قال لها: "نغبّرك" (أسمدك) فتردّ الشجرة قائلة: "نهبّلك" (سأجنّنك).

تمثل الصورة شجرة زيتون في وضع جلي مباشرة بعد عملية الشّذب السنوية. إنها تنمو في حقل بيولوجي، حيث تم غرس أشجار ليمون بين الزياتين، مما يُضفي على مذاق زيت الزيتون البكر المستخرج من هذا الحقل طعم الليمون المنعش.

لا يعتمد مزارعو الزيتون التونسيون في العادة على الأسمدة الكيميائية و لا على المواد المضادة للآفات بل أنهم يستعملون فضلات الأبقار البيولوجية كأسمدة،هذا إذا ما استعملوها أصلا.

إلى جانب الحرث المنتظم للأرض و ريّ الأشجار تشكّل عملية الشّذب السنوية المنتظمة لهذه الأشجار ركنا أساسيا في العناية بحقول الزيتون و هي عملية تتم مباشرة بعد جني المحصول و قبل أن تُزهر الأشجار. يقوم بهذه العملية أخصائيون لهم خبرة تمتدّ لعشرات السنين و دراية بكيفية تخليص الشجرة من الأغصان القديمة العقيمة. تصبح شجرة الزيتون بفضل هذه العملية فتية، و يُضاء تاجها بشكل يمكّن أشعة الشمس من النفوذ بشكل جيّد إلى كامل الغصون. تتمّ هذه العملية في تونس حصريا بواسطة مقص الأشجار و منشار اليد. أمّا حقول الزيتون الواقعة في جنوب أوروبا فيتمّ بشكل أساسي الاعتماد على المنشار الآلي، رغم أنه قد يسبّب تلوّث الأرض عبر زيوت التشحيم و المحرّكات السّائل.

انطلاقا من شكل الزياتين يمكن التكهّن بنوعية الزيت الذي سيستخرج منها. من يعتني بأشجاره و يُبقي عليها في حالة جيدة، سيتعامل كذلك مع المحصول بنفس الدقّة و العناية.

يتأتّى من الأشجار المنتفشة زيوت تكون في العادة موسّخة.

استخراج الزيت

لقد تمّ جني المحصول! من المهم الآن أن يُنقل هذا المحصول في أسرع وقت و في أحسن حال إلى معصرة الزيت. حتّى عند وصول هذه الثمار إلى المعصرة تُعتبر كل ساعة حاسمة. كلّما تقلّصت مدة خزن الزيتون كلما كانت نوعية زيت الزيتون البكر المستخرج منه أكثر جودة. حيث أن عملية تأكسد الزيتون تبدأ مباشرة بعد قطفه و يؤثّر هذا في نسبة الحوامض الدّهنية المحضة أي على حموضة الزيت.

تتمثّل وظيفة معصرة الزيتون في تخليص الزيت الذي ينتشر في ملايين القطرات الكامنة في ألياف الزيتون (عملية الطحن)، و تجميعه (عملية العجن) و فصله عن المكوّنات الصلبة (عملية الضغط أو العصر) و السائلة للزيتون (عملية الفصل).

ماذا يحدث لحبّات الزيتون في معصرة الزيت؟ لم تتغيّر طريقة إنتاج زيت الزيتون البكر منذ آلاف السنين، ما تغيّر هو حجم الجهد و مصدره اللازمين لإتمام هذه العملية. ففي البداية كان من اللازم الاعتماد على السواعد، ثمّ تمّ اللجوء إلى الدّواب و في نهاية المطاف بدأت "مكننة" طرق العمل حيث تم صنع أجهزة متطوّرة و آلات وصولا إلى "النسق اللاّمنتهي المستمر" المُعتمد في وقتنا الحاضر. لا تزال تُعتمد مراحل العمل نفسها بقطع النظر إن كان في معصرة تقليدية أم عصرية.

تمرّ حبات الزيتونة الغضة في معصرة زيت عصرية بآلة الغسل.

ما إن يصل الزيتون إلى معصرة الزيت حتى يُشرع في تخليصه من الأوراق العالقة و ذلك بواسطة مروحة كبيرة، حيث إذا بلغت هذه الأوراق مرحلة العصر (الضغط)، فهي تضفي على الزيت طعما مرّا غير رائق. يتمّ بعد ذلك غسل الزيتون بشكل كلّي و دقيق حتّى يتمّ تخليصه من الأوساخ و الرواسب الكيميائية و بعض الأوراق العالقة.

رحى من الأحجار للاستعمال المنزلي من يعود إلى العصر القديم.

يتم في الخطوة التالية عجن الزيتون بنواته ليصبح مسحوقا يُعجن ببطء و بدقة لمدة تتراوح بين 30 إلى 60 دقيقة. هنالك مبدئيا طريقتان لسحق الزيتون، هناك الطريقة التقليدية و التي بدأ اعتمادها منذ بداية إنتاج الزيت، اليوم تغيّرت فقط المقاييس لتُصبح أضخم حجما. يتعلّق الأمر في العادة بثلاثة إلى أربعة مكعّبات من الحجر الصوّان و التي تدور بلا هوادة و تسحق حبات الزيتون إمّا في أطباق من الحجر الصوّان (في الطريقة القديمة) أو في حوض معدني (في الطريقة العصرية). تسمى هذه الطريقة العملية الملاسة. يتم من خلالها عجن مسحوق الزيتون (ما يُسمّى بالخليط) بدقة و بطئ حتّى نحصل على مادة متجانسة و مرنة كتمهيد لعملية العصر التالية.

ما ينجز في الطريقة التقليدية في مرة واحدة يحتاج في الطريقة العصرية إلى عمليتين متلاحقتين، يتم نقل الزيتون أولا عبر أنبوب حديدي قصير يوجد به محرك للسحق، يقوم بدوره بقطع حبات الزيتون إلى قطع صغيرة حتى تصبح عجينا بواسطة مطارق أو أقراص حديديّة على شكل حلزوني. في بعض الآلات يتم أثناء هذه المرحلة زيادة عن ذلك إضافة ماء دافئ لرفع عائد الزيت المستخرج.

رغم أن الطريقة التقليدية التي تعتمد على رحى الأحجار غير عمليّة وبطيئة وتحتاج إلى فضاء واسع فإن الكثير من أهل الاختصاص يفضلون هذه الطريقة. إذن إن لها كثير من الإيجابيات التي لا يُمكن إنكارها. يقوم أحجار الرحى بعمل متقن جدّا من حيث أنها تمزق وتفرم حبات الزيتون بنواتها في نمط بطيء. ينتج عن هذه العمليّة عجينا رقيقا ومتناسقا من الزيتون يتميّز بانشطار جد فعّال للمكوّنات الواحدة. تبعا لذلك يتم تخليص الزيت بطريقة جيدة حتى أن أصغر المكوّنات يمكن فصلها عن المواد الصّلبة. خلافا لآلة الرحى الحديدية ذات النسق المستمر يتم في عملية السحق بواسطة رحى أحجار الصوّان تجنّب ارتفاع حرارة المسحوق ممّا يبطل أي تغيّر كيميائي لمكوناته.

تُعد طريقة سحق الزيتون بواسطة آلة الرحى الحديديّة من خلال المطارق أو الأقراص أو الأوتاد على عكس الطريقة التقليدية طريقة سريعة وعنيفة و ضارة لا تمكن من سحق متناسق لحبات الزيتون وفصل للخلايا الواحدة. نظرا لأن عمليّة السحق بالنمط المستمر لا تكون كاملة الإتقان لا يكون مسحوق الزيتون مهيّئا بصفة كافية لاستخراج الزيت، مما يستوجب التمديد والتدقيق في العملية التالية عملية عجن هذا المسحوق. لا يمكن تجنب ارتفاع الحرارة الطبيعي الناجم عن عملية السحق والتي يجب أن لا تتعدى درجة 27 درجة حسب أحدث التوصيات الصادرة عن الإتحاد الأوروبي في سنة 2003. لئن تم اجماع على هذا الرقم كحد أقصى إلا هناك اختلاف عند أهل الاختصاص حول تأثير هذه الدرجة من الحرارة من عدمها على مذاق وجودة زيت الزيتون البكر. إلا أن هناك إجماع حول تلاشي مواد البوليفينول (Polyphenole) الطبيعية الكامنة في زيت الزيتون البكر تحت تأثير درجات الحرارة المرتفعة. إلا أن هذه المكونات هي التي تشكل مضادات التأكسد و تضمن لزيت الزيتون البكر صلاحية طويلة المدى.

تتطلّب عمليّة الطحن من القائم بها براعة استثنائية حيث إذا تم سحق حبات الزيتون تحت درجات حرارة منخفضة (تحت 24 درجة) تبقى كميات كبيرة من الزيت عالقة في بقايا معجون الزيتون.

نُقل حبات الزيتون المسحوقة في النمط المتواصل المستمر إلى اسطوانات خلط - في الغالب تعمل الواحدة تلوى الأخرى حتى تتم عملية العجن بإتقان.

في هذه المعصرة القديمة في "توجان" بالجنوب التونسي يتم تحريك حجرة الرحى هذه بواسطة حمار يدور حول نفسه بلا هوادة.

يكون مسحوق الزيتون الذي تمّ التحصّل عليه بالطرق السّابق ذكرها جاهزا للمرحلة التالية. في هذه المرحلة التي تسمى مرحلة الاستخلاص يتم استخراج الزّيت. هنالك طرق مختلفة تتمّ من خلالها هذه المرحلة حيث تختلف هذا الطرق باختلاف طريقة فصل مكونات مسحوق الزّيت عن بعضها البعض. يتم فصل الزيت، حيث يُفصل عن ماء الثمار (بالفرنسية margine) كما يفصل عن بقايا و رواسب عملية العصر.

تستعمل في تونس غالبا تلك "الشوامي" (الدوّاسات) المصنوعة يدويا من نبات الحلفاء الطبيعي. إلا أنه أضحى استعمال تلك "الشوامي" المصنوعة من أنسجة اصطناعية طبقا للنموذج المتداول بجنوب أوروبا أمرا مألوفا. يتم تصفيف إلى حدود 30 قطعة من هذه "الشوامي" دائرية الشكل المملوءة الواحدة فوق الأخرى على آلة ضغط تعمل بالدفع الهيدروليكي. في السابق كانت تستعمل عوض آلة الضغط هذه أداة ضغط مكبسي ذو الاستعمال اليدوي.

يعتبر ذلك الزيت النابع بشكل تلقائي قبل عملية الضغط ذي قيمة عالية مما يدفع منتج الزيت إلى الانتفاع به شخصيا أو إهدائه إلى أصدقائه الحميمين. نادرا ما يتم بيع هذه النوعية من الزيت و إن

يتم صناعة "شوامي" العصر في تونس في الغالب من نبتة الحلفاء الطبيعية.

بيعت فتكون ثمنها باهظا. يحضى الزيت المقطر في تونس بقيمة عالية حتى أن الكثير يعتبرونه "دواء" و يستعملونه طبقا لهذا الاعتبار.

حتى يتسنى استخلاص "العصير" ذلك الخليط من زيت الزيتون وماء الثمار، يتم ضغط تلك "الشوامي" لمدة تتراوح بين 30 و 60 دقيقة بقوة ضغط تتراوح بين 400 و 500 بار (bar). يجمّع هذا الخليط تحت مستوى العمود الحامل "للشوامي" او ُيساق إلى الخطوة التحويلية التالية. تبقى في الشوامي بقايا عملية الضغط الصلبة و التي يمكن استخدامها في ما بعد كعلف للحيوانات أو مادة تسميد أو وقود.

يتم استخلاص زيت الزيتون في ما يُقارب نصف المعاصر التونسية بطريقة عصرية بالاستعانة بأجهزة الطرد المركزي التي تعمل كليا بشكل آلي. يتم في إطار هذه العملية فصل المكونات المختلفة لزيت الزيتون البكرعن بعضها البعض اعتمادا على اختلاف وزنها. يوجد في الطارد المركزي "تربين" تدور بسرعة 3 إلى 4 آلاف دورة في الدقيقة. تمكّن قوة الطرد المركزي التي تنشأ عبر هذه الحركة السريعة من فصل البقايا الصلبة من المواد السائلة أي زيت الزيتون و ماء الثمار (طارد مركزي ذو مرحلتين)، كما تسمح هذه القوة بعزل معظم الماء باعتباره أكثر وزنا من الزيت (طارد مركزي ذو ثلاث مراحل).

يعد ذلك الزيت المنساب قبل عمليّة الضغط الفعليّة أجود نوعيّة من زيت الزيتون البكر و يسمى كذلك "زيت القطّر" أو "زيت العصير" و يُصطلح عليه باللهجة التونسية بـ "النضوح".

يتم في الطارد المركزي ذي الثلاث مراحل - و يسمى الطارد المركزي الأفقي أو المصفّي - خلط عجين الزيتون نسبة 50 إلى 60 % بالماء الساخن للتحصل على عجين أكثر سيولة وتماثل. كما تساعد هذه الطريقة على انفصال الزيت من المواد الصلبة العالقة بشكل أسهل وذلك بفضل تأثير حرارة المياه الدافئة. إلا أنه لا يمكن تجاهل الجانب السّلبي لهذه الطريقة المتمثّل في تحلّل نكهة الزيتون المسحوق وتلاشي جزء كبير منها. زيادة عن ذلك هذه الطريقة فضلات مائية أكثر من طريقة الاستخلاص الأخرى.

نموذج من الطريقة العصرية المسترسلة لاستخراج الزيت: في الجهة اليسرى يتم افراغ حبات الزيتون المغسولة في آلة السحق ومن ثمة يُنقل عجين الزيتون إلى آلة الخلط، حيث تتم عملية العجن بصفة ضافية. في مقدمة الصورة يوجد آلة الخلط الثانية حيث تتم عرك عجين الزيتون مرة أخرى لمدة 60 دقيقة قبل أن يُساق إلى الطارد المركزي لإتمام عملية الاستخلاص.

يتم في الطارد المركزي ذو المرحلتين كما تُبيّن التسمية ذاتها فصل مكونين اثنين فقط، هنا يتم فصل البقايا الصلبة فقط عن عصير الثمار الطبيعي، أي ذلك الماء المليء ببقايا ثمار الزيتون المخلوط بالزيت. يتم الفصل إلى جزأين أي على مرحلتين. تُوفّر هذه الطريقة نوعيّة ممتازة من زيت الزيتون البكر ذي نكهة طبيعية غير منحلة حيث لا يتم إضافة أي كمية من الماء لمعجون الزيتون. تتكوّن في الطارد المركزي تبعا لذلك كميات محدودة من الفضلات المائية. تكون البقايا الصلبة الراسبة جافة بشكل يسمح باستعمالها مباشرة كغذاء للحيوانات أو كمحروقات.

نتوقف هنا عند الطريقة الثالثة في استخراج الزيت بشكل مقتضب لأن هذه الطريقة ليست شائعة الاستعمال في تونس. تقوم عملية التقطير "سينوليا" على توظيف الطبقات المتفاوتة لمختلف السوائل. آلاف من السكاكين المعدة من المعدن الرفيع يتم غمسها في عجين الزيتون. عند رفعها يبقى الزيت فقط عالقا على المعدن في شكل قطرات رقيقة يتم في النهاية عزلها و تجميعها. لا

صورة لتفاعل العمليات المختلفة التي تتم في معصرة للزيتون رُسمت من قبل النقّاش "ج. سترادن (J. Stradan)"، بداية القرن 17.

يتم إضافة أي كمية من الماء عند اعتماد هذه الطريقة لذلك توفر هذه الطريقة نوعية ممتازة من زيت الزيتون البكر ذي المذاق والنوعية الرفيعتين. إلاّ أن هذه السّكاكين المصنوعة من المعادن الكريمة لا يمكنها استخراج سوى 60 % من الزيت الكامن في معجون الزيتون. يتمّ اثر ذلك نقل معجون الزيتون إلى الطارد المركزي حتى يتسنى استخلاص الزيت المتبقي، إلا أن هذا الزيت يكون في العادة أقل جودة. تستوجب طريقة استخراج الزيت بتقنيّة التقطير "سينوليا" مواصفات معينة بخصوص درجة نضج حبات الزيتون التي يتم تحويلها. لذلك من المنطقي أن لا تلقى هذه الطريقة انتشارا واسعا في مجال التقنيات الحديثة المتداولة اليوم.

بعد الانتهاء من مرحلة الاستخلاص يتدفق من الآلة ذلك العصير الثمين. لكن مهلا! ليس هذا بزيت الزيتون البكر الصافي. يجب استئصال ماء الثمار. لا تزال تُعتمد لهذا الغرض تلك الطريقة ذاتها والتي تعود إلى قرون: التّجلية أو الترسيب (Décantation). في السّابق عندما لم تكن توجد تلك الطاردات المركزية كان يُترك العصير على حاله. نظرا لتفاوت وزن المادتين السائلتين يطفو الزيت بعد حين فوق مستوى ماء الثمار وحينها لا يحتاج المرء سوى أن يجمعه. يُستعمل لهذا الغرض طبق معدني شبه مسطّح.

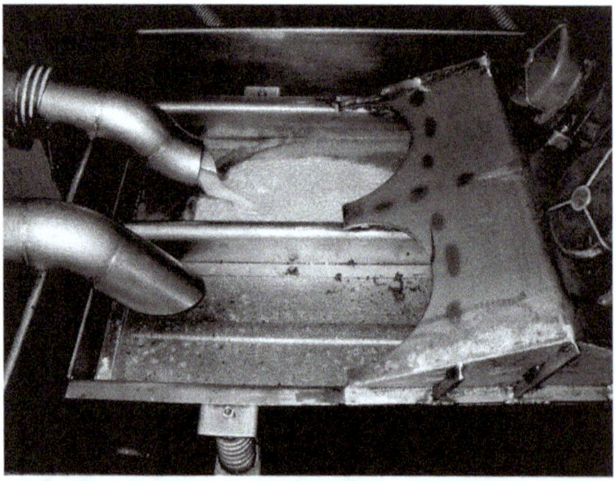

تعد عمليّة جمع الزّيت بطريقة يدويّة عمليّة مضنية وإزاء الكميّة المستخرجة غير مرضية. لذلك يتم تصفية الزيت في يومنا هذا بجهاز تصفيّة وعزل يمكّن عمليا فصل كامل كمية ماء الثمار من زيت الزيتون البكر. نتحدّث هنا أيضا عن طارد مركزي، يوجد في داخله مجموعة

في البداية يساق عصير الثمار في مصفاة حيث يعلق بها آخر بقايا الثمار.
ثم يساق عصير الثمار هذا في الطاردات المركزية حيث يتم فصل الزيت عن ماء الثمار.

من الصحون، تقوم كل واحدة من هذه الصحون العازلة بفصل السّائل الثقيل عن السّائل الأقّل وزنا.

لا تنتج عن عملية استخراج زيت الزيتون البكر أيّ فضلات. حيث يتم استغلال ماء الثمار مرة أخرى من خلال تهيئته وإدماجه في عملية جديدة لاستخراج الزيت أو يتم حفظه في خزّان. يمكن استعمال هذا السائل الذي يتم تجميعه بدون أي تحويل كسماد لحقول الزيتون. هناك جهود جاريّة لجعل هذا الماء ماءا صالحا للشراب. تظهر محاولة تحويل هذا الماء لمادة غذائية استهلاكية نتائج جد واعدة. يتم العمل على بعث منتوج جديد يحتوي على كل الخصائص الإيجابية والمذاق التي يتميّز بها زيت الزيتون بدون المادة الدّهنية والوحدات الحرارية المقترنة به.

يقع توظيف بقايا ثمرة الزيتون الصلبة بعد عمليّة استخراج الزّيت كعلف للحيوانات أو كوقود للتدفئة. لهذه البقايا قيمة اشتعال ممتازة حيث يوفّر الكغ الواحد قيمة 4,65 ساعات كيلوات من الطاقة أي نفس القدر الذي يوفره حطب من النوعية الجيدة. إذن تنشأ من خلال عملية إنتاج الزّيت مادة اشتعال يمكن توظيفها لها قيمة اشتغال عالية و وزن بيئي كبير. يتم اليوم تسخين العديد من معاصر الزيتون بهذه المادة من المحروقات لكن هناك طرق أفضل لاستعمالها وتوظيفها! تقوم شركة الكهرباء "التخار" (El Téjar) بالقرب من "بيينا" (Baena) في وسط إقليم الأندلس أشهر وأكثر المناطق إنتاجا لأشجار الزيتون باسبانيا، بإنتاج الكهرباء لمدينة يعد سكانها 40 000 نسمة بواسطة بقايا ثمار الزيتون فقط. تقام أبحاث في جامعة بون الألمانية، تعمل على تحويل هذه البقايا المتضمنة لمادة "البوليفينول" إلى مادّة حماية للنبات تخص الزراعة العضويّة. تعتبر نتائج الأبحاث الراهنة واعدة جدّا. كما لا يمكن أن ننسى أن كل أنواع الصابون المعتمد على مادة زيت الزيتون يتم

هنا يسيل أخيرا زيت الزيتون البكر المصفى من الطارد المركزي و هو جاهز الآن للاستهلاك.

الصحن العازل لاستخلاص زيت الزيتون البكر العائم على سطح ماء الثمار.

صنعه أساسا من بقايا الثمار التي تحتوي على زيت الزيتون. حتى نواة الزيتون يتم توظيفها فهي تُستعمل كبديل لمصفاة الفحم الفعّالة في أجهزة التصفيّة.

يتم صنع الصابون و مواد التنظيف المحتوية على زيت الزيتون من بقايا الثمار التي تحتوي بدورها على زيت الزيتون.

طريقة استخراج زيت الزيتون البكر و إمكانية الجمع بين الطرق التقليدية والعصرية

	الطريقة التقليدية	الطريقة العصرية
غسل	أدوات الغسل	أدوات الغسل
سحق	بواسطة أحجار الرّحى	آلات السحق بواسطة الأقراص أو المطارق أو الأسنان أو الأوتاد
عجن	بواسطة أحجار الرّحى	عبر النمط الحلزوني المستمر
استخلاص	بالدواسات في آلات الضغط الهيدروليكي	تعبأة مستمرّة لـ
		الطارد المركزي ذي المرحلتين / الطارد المركزي ذي المراحل الثلاث
تجلية (ترشيح)	ترك الخليط للركون و سحب زيت الزيتون البكر	جهاز التجلية و الفصل
إمكانية التصفية	مصفاة	مصفاة

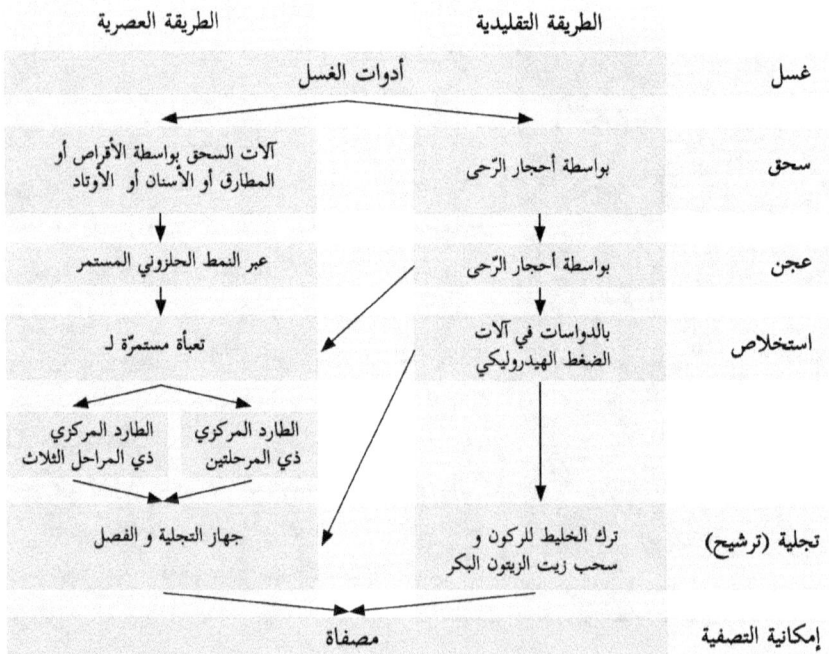

بدون شك لكل منتج للزّيت تصوراته ومعرفته الخاصة به وقد يفضل طريقة دون أخرى، كذلك نجد في معاصر الزيتون أشكال مختلفة من الجمع بين الطرق المختلفة لاستخراج الزيت. فقد يتم الاعتماد في المراحل المختلفة لعملية استخراج الزيت على تقنيات تقليدية صرفا أو اللجوء إلى المزاوجة بين الطرق العصرية والتقليدية أو الاعتماد على آليات انتاج شديدة التعقيد تخضع لنظام التحكم عن طريق الحاسوب. ليس من النادر أن يتم في بعض المعاصر الجمع بين رحى أحجار تتشكّل من مكعبات كبرى من حجر الصوّان و الطاردات المركزية العصرية ذا المرحلتين أو الثلاث مراحل. لتلبيّة مطالب منتجي زيت الزيتون يوفّر صانعي آليات إنتاج الزيت أشكال مختلفة من الآليات والوسائل القابلة للمزاوجة.

تبدو الجوانب الإيجابية لطرق التحويل العصريّة واضحة وجلية، فطاقتها الفائقة تمكن من إنتاج كميات كبيرة من زيت الزيتون البكر ذي الجودة العالية إذا ما اقترنت بتجربة وعناية واسعة من قبل المشرفين والعمال المباشرين لعملية السحق.

تتحدّد نوعيّة زيت الزيتون البكر حسب العناصر التالية:

- نوعية الزيتون
- سرعة عملية تحويله
- الإتقان والدقة أثناء عمليّة الإنتاج
- تجربة المنتج

في حين تتنزّل مسألة اختيار الطريقة المعتمدة مرتبة ثانوية!

إن مساعي التحديث لا تبقى لمطوري تقنيات و وحدات إنتاج زيت الزيتون مجالا للاستراحة. نظرا إلى تزايد الوعي بالبيئة يعمل المهندسون باستمرار إلى تطوير تقنيات جديدة تجمع بين الرفق بالبيئة و القدرة الإنتاجية الفائقة المقترنة بنوعيّة جيدة في الوقت نفسه.

تصنيف زيت الزيتون

تختلف أصناف الزيت باختلاف نوعيته. كالخمور لزيت الزيتون البكر تنوّع في المذاق لا يتوفر عند بقية الزيوت الأخرى الصّالحة للأكل. يختلف مذاق زيت الزيتون باختلاف صنف الزيتون، والمنطقة الجغرافية وظروف مناخ الموسم وحتى باختلاف التربة التي نشأت فيها شجرة الزيتون. كما لدرجة النضج التي تكون عليها ثمار الزيتون عند ساعة الجني تأثيرا بالغا على مذاق الزّيت: فمثلا يضفي الجني السابق لأوانه للمحصول في مطلع شهر أكتوبر على زيت الزيتون البكر طعما جد مفعما بالثمار

و يكون لونه ميالا للاخضرار وتشبه رائحته رائحة العشب الذي أوتي على قطعه. إنّ المحصول الذي يتم جنيه بين منتصف أكتوبر ومنتصف ديسمبر يوفّر نوعيّة من زيت الزيتون البكر تكون منسجمة و متوازنة المذاق. أما حبات الزيتون السوداء البالغة النضج والتي تُجمع انطلاقا من منتصف ديسمبر توفّر منتوجا خفيفا حلوا بعض الشيء يميل مذاقها إلى طعم اللوز. لا يمكن بالطبع ضبط نقطة زمنية محددة لجني الزيتون لأن درجة نضجه ترتبط بالظروف المناخية الممتدة على كامل فترة نشأة الثمار ولذلك يمكن فقط التكهن بصفة تقريبية بأوقات الجني.

هنالك عامل آخر مؤثّر في مذاق زيت الزيتون البكر ألا وهو عمره، فمثلا يكون زيت الزيتون البكر الذي تمّ عصره للتو ذي مذاق مفعم بطعم الثمار، ويكون ما زال مرّا بعض الشيء، عند تعبئته في قوارير يمكن ملاحظة أن لونه الأخضر يميل إلى الاصفرار و غير صافي على طبيعته. يكون زيت الزيتون البكر الذي يفوق عمره السنة والذي يوصف بالناضج صافي بطريقة طبيعية حيث من خلال خزنه الطويل تستقر بقايا الثمار وبقايا ماء الثمار في قاع الوعاء أو القارورة. تتلاشى تلك النكهة الميالة للمرارة و الثمرية اللاذعة ويصبح الزيت أكثر فأكثر لطيف الطعم. يصبح لونه ميالا إلى الأصفر الذهبي الداكن ويصبح الزيت صافي اللّون وشفافا. يُباع في المحلات في بعض الأحيان زيت زيتون بكر مصفى. إلا أنه في تونس وباقي البلدان المنتجة لزيت الزيتون يتم استعمال زيت الزّيتون الغير مصفى فقط. على المستهلك بشكل عام أن يعمد إلى هذه النّوعيّة من زيت الزيتون، حيث أن عملية تصفية الزيت تزيل مواد ثمينة وأجزاء بقايا الثمار ومعها تتلاشى عديد المكونات النافعة صحيا، كالفينول و الفيتامينات. إذا ما كان زيت الزيتون البكر مصفى فإنه يجب الإشارة إلى ذلك في علامة التعليب.

يصبح زيت الزيتون البكر صافي بشكل تلقائي أثناء نضوجه، حيث تستقر المواد الداكنة و بقايا الثمار و ماء الثمار في الأسفل مع مرور الوقت.

في حين يستعمل عاشق زيت الزيتون هذا الزّيت البكر الطازج خاصة في تحضير أطباق السّلاطة الخضراء نظرا لمذاقه الميال إلى طعم الثمار المر، يعتبره الكثير أثمن من أن يستعمل لأجل الطبخ أو القلي ولذلك نظرا لنكهته الفريدة هذه. يستحسن استعمال زيت الزيتون الناضج إذا ما أراد المرء أن يعود نفسه شيئا فشيئا على المذاق الثمري الميال إلى المرارة في بعض الأحيان. فضلا عن ذلك يمكن استعمال زيت الزيتون البكر الناضج في تحضير المأكولات مع الانتباه إلى عدم تلاشي نكهته المميزة. يعتبر زيت الزيتون البكر النّاضج شيئا متميّزا بالتّأكيد إن لم نقل نادرا.
ما إن يُنقل الزيت من المعاصر حتى يدخل مرحلة النضج. لمن المنطقي أن لا يتوفر زيت الزيتون

الطازج خلال شهري جويلية \أوت في السوق وإن وجد فهو بالتأكيد زيت قادم من الجانب الآخر من العالم. يتغيّر كذلك زيت الزيتون البكر الذي يتم خزنه في المنزل على أحسن وجه شيئا فشيئا وباستمرار.

اقترح عليكم في هذا السياق أكلة خفيفة يجدر تجربتها حال ما يكون في حوزتكم زيت زيتون بكر طازج ذو اللون الأخضر الدّاكن. يعتبر سكان البلاد التونسية هذا الزيت دائما شيئا مميّزا حيث لا يتوفر هذا الزيت في شكله الطازج هذا إلا في أشهر الشتاء وأشهر الربيع الأولى. قد تفاجئكم الأكلة الخفيفة التي أقترحها عليكم في هذا الصدد ببساطتها و تنوّع مذاقها.
يسكب شيئا من زيت الزيتون البكر الطازج (أخضر، مر، غير صافي اللّون) في صحن ثم تضاف إليه بعض الملاعق من عسل النحل الجيّد السّائل. ثمّ يمكن تناول هذا الخليط بالخبز الأبيض (خبز "الباقات" مثلا) من خلال غمس الخبز في الزيت والعسل. إنها بالتأكيد اكتشاف جديد للمذاق: حار و مر ولكن حلو حلاوة العسل في الآن نفسه.

لا يعتبر المذاق وحده العنصر الوحيد المحدّد لجودة زيت الزيتون. قبل أن يمرّ زيت الزيتون البكر بمرحلة الفحص الحسّي أي إلى عملية التذوق أو تحسّس المذاق (المذاق - الرائحة واللون، أنظر فصل "التحليل التحسّسي") يجب أن يتم تحديد 28 مقياسا في المجال الفيزيو-كيميائي من خلال فحص كيميائي. إن الالتزام بأعلى وأدنى نسب هذه المقاييس هو الذي يعطي لزيت الزيتون أعلى أصناف الجودة. إضافة إلى ذلك يجب في إطار التّحليل الكيميائي تحديد دقيق لنسبة الحوامض الدهنية المحضة. كلما قلّت هذه النسبة كانت نوعيّة زيت الزيتون البكر أفضل. تمثل هذه النسبة التي تخص نسبة الحموضة أي نسبة الحوامض الدهنية المحضة وتسمى كذلك حموضة الزيت مؤشرا صريحا على جودة زيت الزيتون البكر و محددا إلى حد كبير لصنفه. لكن يمكن للمذاق في كل الحالات أن يؤثر سلبا على جودة الزيت وأن يتسبب في تراجع منزلته. حيث لا يمكن تصنيف أي زيت زيتون بكر كزيت زيتون بكر رفيع إلاّ إذا كان مذاقه ورائحته ولونه خالية من

بأدوات بسيطة و قارورة من الصودا يمكن للمرء في المخبر أو سواه تحديد نسبة حموضة عينات الزيت بشكل سريع.

كل عيوب وكانت نسبة الحوامض التي يحتويها لا تتجاوز 0,8 %. إضافة إلى ذلك لا يجوز استخراج هذا الزيت في ظروف تساعد على تزييف المنتوج.

لا يجوز اعتماد عمليات أخرى في إطار عملية استخراج زيت الزيتون البكر عدى الغسل والتصفية و الطرد المركزي. يعتبر **زيت الزيتون البكر هو المادة الدهنية الوحيدة الطبيعية الخالصة**، والتي تتأتى عبر عملية عصر الثمار دون أي إضافات كيميائية أو إضافات أخرى، على عكس باقي الزيوت النباتية الأخرى كزيت عباد الشمس، التي يتم استخراجها في العادة بالاستعانة بمحلولات إضافية كمواد الأثير و "البيتان" "الهكسان".

تعرّف وتصنّف أنواع زيت الزيتون حسب أحدث مقاييس الاتحاد الأوروبي لسنة 2003 كالآتي:

زيت الزيتون البكر الرفيع (huile d´olive vierge extra)

لا يُدمج زيت الزيتون في هذا الصنف إلاّ إذا كان مذاقه ورائحته ولونه خالية من أي عيب. يكون مذاقه ثمري و لا تتجاوز نسبة الحموضة فيه 0,8 %. لا يخضع لعمليات أخرى قد تشوّه صفاءه عدى عمليات الغسل والتصفيّة والطرد المركزي. تعد أغلب الزيوت التي تنتمي إلى صنف *زيت الزيتون البكر الرفيع* زيوت قمة في الجودة حيث يكون محتوى الحموضة فيه يتراوح بين 0,2 و 0,3 %. منذ دخول مواصفات الاتحاد الأوروبي حيّز التنفيذ، أضحى لحسن الحظ من الممكن لمنتجي الزيت الإشارة إلى نسبة الحوامض الدهنية المحضة في علامة المنتوج، إذا ما تم في الوقت نفسه ذكر مقاييس مختلفة أخرى (انظر إلى فصل "علامة التعليب").

زيت الزيتون البكر (huile d´olive vierge)

يعد هذا الصنف من الزيت مطابق ل*زيت الزيتون البكر الرفيع* حيث يكون مذاقه ورائحته ولونه خالي من أية عيوب. يميل مذاقه أيضا إلى نكهة الثمار. تفوق نسبة الحوامض الدهنية 0,8 % إلا أنها لا يجوز أن تتعدى حاجز 2 %. تعد التسمية "زيت زيتون رفيع" لهذا الصنف من الزيت جائزة أيضا.

زيت الزيتون المُصفّى (huile d´olive raffinée)

يتعلّق الأمر هنا بزيت الزيتون الناتج عن عمليّة تصفيّة زيت الزيتون البكر (زيت الإشعال) والذي لا يكون صالحا للاستهلاك الغذائي المباشر نظرا لنسبة الحموضة التي تتعدى 2 % و/أو لعيوبه

المستخلصة عبر عملية الفحص الحسّي. (انظر إلى "التذوّق"). يتم معالجة هذه النواقص عن طريق التصنيف، من خلال عمليات لا تثير الشهية قط مثل عزل "الليسيتين" و المخاط و الحوامض و إزالة اللون و الرائحة. الهدف من هذه العمليات هو تخليص زيت الزيتون من كل شيء عدى الزيت الصافي. هذا يعني أن العملية لا تتسبب في تلاشي المواد الضارة الغير مرغوب فيها فحسب بل إنها تتسبب كذلك في تلاشي المحتويات المؤثرة في المذاق والرائحة وفيتامينات أساسية ومواد نباتيّة ثانوية ذي قيمة مفيدة لصحة الإنسان. يصبح زيت الزيتون المُصفّى بلا مذاق، لذلك يتم خلطه بزيت الزيتون البكر لإعطائه نكهة زيت الزيتون الفريدة. لأنّه يتم إزالة الحوامض الدهنية المحضة عند عملية التصفية، يكون الحد الأقصى لنسبة هذه الحوامض (في زيت الزيتون المصفى) في حدود 0,3 %، زيادة عن ذلك تنشأ عند عملية التصفية المشفوعة بدرجات حرارة مرتفعة نسبة 3 % من المواد الدخيلة الجديدة لا نجدها في المواد الدهنية الطبيعيّة.

زيت الزيتون (huile d´olive)

يعد زيت الزيتون عبارة عن خليط (blending/coupage) من زيت الزيتون البكر و زيت الزيتون المصفى. نظرا لتدني نسبة الحوامض الدهنية المنخفضة في الزيت المصفى **يجب** رفع نسبة الحموضة في زيت الزيتون إلى حدود 1,0 %. يجوز للأسف إطلاق اسم زيت زيتون على زيت الزيتون المصفى، ذلك الزيت المتغيّر تحت طائل الحرارة عند عملية التصفية، إذا ما أضيفت إليه نسبة 1,0 % من زيت الزيتون البكر فقط. كما يجوز تسمية هذا الصنف من الزيت بزيت زيتون صافي.

تنبيه: قد يوحي مصطلح "زيت زيتون" بأن الأمر يتعلّق بزيت زيتون مستخرج مباشرة من الزيتون إلا أن هذا غير صحيح. لا يتأتى زيت الزيتون بصفة مباشرة من ثمار الزيتون، بل من خلال عملية تصفيّة و تهذيب "زيت الإشعال" ذلك الزيت الغير صالح للاستهلاك الغذائي.

زيت بقايا الزيتون (huile de grignons d´olive)

نتحدّث في هذا السياق كذلك عن خليط! نقصد هنا ذلك الزيت الذي يُستخرج من بقايا ثمار الزيتون بعد مرورها بعملية العصر والذي لم يمكن استخراجه عن طريق العمليات الآلية الميكانيكية، لذلك يستخلص هذا الزيت من خلال محلولات إضافية كـ "الهكسان" و "تريشلور آتيلان" في حالات نادرة. يُخلط هذا الزيت بكميات ضئيلة من زيت الزيتون البكر لتهذيب مذاقه. لا تفوق الحوامض الدهنية لهذا الزيت نسبة 1,0 % في كلّ الحالات و يجب وضع علامة على هذا الخليط يشار فيه بأنه زيت بقايا الزيتون.

زيت الزيتون البكر الرفيع

- **خال من أي عيوب** تماما في مستوى المذاق والرائحة واللون
- به نسبة من الحوامض الدهنية المحضة لا تفوق **0,8** % (0,8 غ في 100 غ)
- يتم استخراجه من حبات الزيتون بالطرق الألية والطبيعية **فقط** (دون أي معالجة كيميائية أو تسخين)

زيت الزيتون البكر

- هو الأخر **خال من أي عيب** بخصوص مذاقه، رائحته و لونه
- لكنه يحتوي على نسبة من الحوامض الدهنية المحضة تصل أقصاها إلى **2,0** % (2 غ في 100 غ)
- يتم استخراجه كذلك **حصريا** بالطرق الآلية والطبيعية **فقط**

زيت الزيتون

- هو **خليط** من الزيت المصفى الخالي من المذاق بحكم عملية التصفية وكميات قليلة من زيت الزيتون البكر
- يحتوي على نسبة من الحوامض الدهنية المحضة أقصاها **1,0** % (1 غ في 100 غ) زيت الزيتون

زيت بقايا الزيتون

- هو **خليط** من الزيت المستخرج عبر الاستخلاص الكيميائي لبقايا الزيتون وكميات ضئيلة من زيت الزيتون البكر
- يحتوي كذلك على نسبة من الحوامض الدهنية المحضة **أقصاها** **1,0** % (1 غ في 100 غ)

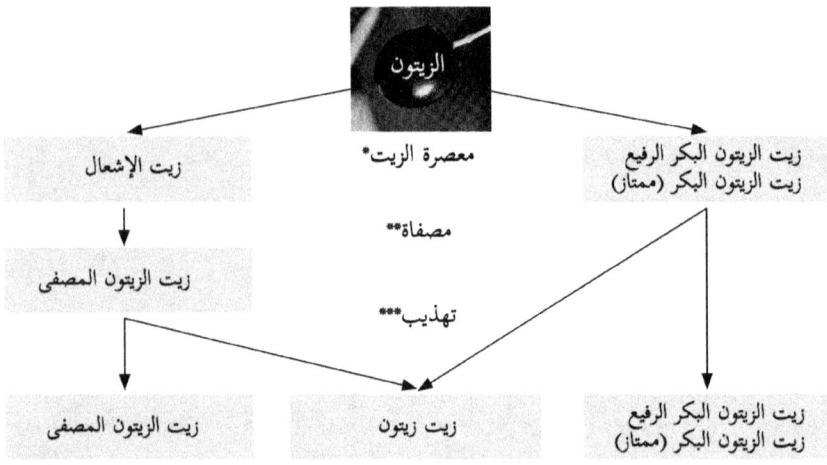

* بعد اتمام عمليّة عصر الزيتون يتحدّد نوعية صنف الزيت المستخرج بالنظر إلى نسبة الحوامض الدهنية المحضة، وإلى مذاقه، رائحته، ولونه

** زيت الإشعال الرديء هو ذلك الزيت الذي يكوّن مباشرة بعد إنتاجه غير صالح للاستهلاك الغذائي نظرا لارتفاع نسبة الحوامض الدهنية المحضة و/أو النواقص التي تحتوي عليها. لا يصبح صالحا للاستهلاك الغذائي إلا بعد عمليّة التصفية.

*** بسبب الارتفاع العالي للحرارة عند عملية التصفية يفقد زيت الزيتون المصفى أي مذاق وخلطه (بالفرنسية **coupage** و بالانكليزية **blending**) مع زيت الزيتون البكر يكسبه من جديد ذلك الطعم المميز لزيت الزيتون البكر.

زيت الزيتون البيولوجي

حتى يحصل زيت الزيتون على صفة زيت الزيتون بيولوجي يجب أن لا يستوفي هذا المنتوج الفحص التحسسي وضوابط محتوى الحموضة وبعض المقاييس الأخرى البكر فحسب بل يجب أن يتوافق كذلك ككل المنتوجات الفلاحيّة الأخرى مع مواصفات صارمة أخرى والتي تحدد بالخصوص الغراسة البيولوجية للزياتين. هذه المواصفات تتم مراقبتها ومتابعتها باستمرار من طرف العديد من منظمات مختلفة كـ "ايكوسار" (Ecocert) في حدود أوروبا و"نوب" (NOP) في ما يخصّ الولايات المتحدة الأمريكية.

ينتظر أن ترتفع في تونس كميات زيت الزيتون البيولوجي المطابقة للمواصفات المصادق عليها حيث أن أغلب الزياتين التونسية لا تخضع لعملية التسميد الكيميائي باعتبار الطرق التقليدية التي لا تزال تعتمد في القطاع الفلاحي الذي يعود ذاته نقص في التطوير الزراعي. نظرا للموقع الجغرافي المتميز للبلاد التونسية يعتبر استعمال مواد حماية الأشجار ومواد سامة أخرى غير ضروري. لذلك يتسنى في معظم الأحيان الحصول على المصادقة لبعث غراسات بيولوجية سانحة في آجال وجيزة نسبيا.

84 % من حقول الزيتون في تونس لا يتجاوز مساحة الواحدة منها 5 هكتارات. لا يمتلكون أصحابها أحدث التقنيات ولا الموارد المالية التي تُمكنهم من رعاية زياتينهم بالطرق الزراعية الحديثة. بل إنهم لا يشعرون بالحاجة لذلك فهم يفضلون استغلال حقولهم طبقا للطرق القديمة الموروثة. فحتّى قطع الأشجار يتم في تونس بواسطة المنشار اليدوي البسيط فقط مما يغني التربة من التأثيرات السلبية التي قد تنجم من سيلان زيوت وشحوم محركات المنشار الآلي.

تشكل مجموعة حقول الزيتون المصادق عليها بيولوجيا مساحة 80 015,56 هكتار. وحققت إنتاجا بنسبة 8 % من مجموع زيت الزيتون المنتج لنسبة 2006/2005. من المنتظر للأسباب التي أتينا على ذكرها أن يرتفع عدد المنتجين الذين يرغبون في التحصل على المصادقة الرسمية لإنتاج زيت الزيتون البيولوجي باستمرار وفي فترة وجيزة.

تنمو هذه الزيتونة الغابية و المحاطة بالعناية في نفس الوقت في وسط نبات الإكليل الغابي و العرعر الشائع في أسفل سفح الجبل، بحقول الزيتون البيولوجي "قصر الزيت".

بشرائه لزيت الزيتون البيولوجي لا يوفر المستهلك لنفسه زيت استهلاك خالي من أي مواد كيميائية فحسب بل هو يساعد من خلال ذلك على المحافظة على واحات ذي قيمة ايكولوجية.

علامة التعليب

تتم الإشارة في العلامة إلى معلومات مهمة تُساهم في تسهيل عملية اختيار الزيت. يُعتبر صنف زيت الزيتون بالتأكيد، على سبيل المثال زيت الزيتون البكر الرفيع من أهم المعلومات التي نجدها على العلامة المصاحبة لقارورة أو وعاء الزيت والتي تعكس جودته، لذلك تُكتب بالبند العريض. هناك 4 أصناف محددة ومجمع عليها في داخل الاتحاد الأوروبي وهي التالية:

- زيت الزيتون الرفيع البكر huile d´olive vierge extra
- زيت الزيتون البكر huile d´olive vierge
- زيت الزيتون huile d´olive
- زيت بقايا الزيتون huile de grignons d´olive

إن الإشارة إلى نسبة الحموضة، مثل الإشارة إلى نسبة حموضة متدنية مثلا، أصبحت حسب أحدث التراتيب الصادرة عن الاتحاد الأوروبي منذ 2003 جائزة، إذا ما تم في نفس الوقت الإشارة إلى نسبة "البروكسيدون" و "الشمع" و إلى "ضارب الامتصاص". يعد هذا لجدير بالثناء حيث يمثّل ذلك إفادة هامة جدّا للمستهلك المهتم وتساعده على الاختيار.

يمكن اعتبار ذلك الزيت الذي يُشار في علامته إلى نسبة الحوامض الدهنية المحضة والتي تكون ضئيلة جدا (ما بين 0,3 و 0,5 % على أقصى تقدير) زيت زيتون بكر رفيع. تشير نسبة الحوامض الدهنية المحضة التي تكون أقل من 0,3 % إلى الجودة العالية للزيتون الذي استُخرج منه الزيت. ترتفع نسبة الحوامض الدهنية بصفة آلية في الزيتون المطموس و المتعفّن و الذي طالت مدة خزنه.
يشير رقم "البيروكسيد" (Peroxyd) الى حالة حفظ زيت الزيتون، كما ترتبط هذه النسبة بجودة الزيتون ذاته، إلا أنها تكشف بدرجة أولى عن الطريقة التي تم بها خزن زيت الزيتون البكر، إنها مقياس لحالة التأكسد التي عليها مكوّنات الزيت. تكون هذه القيمة مباشرة بعد عملية الجني بين 5 و 6 وفي غضون سنة يمكن لها أن ترتفع إلى حدود 10 حتى وإن تمت عمليّة الخزن بأمثل الطرق. لا يجوز أن تتجاوز هذه النسبة 12 إذا ما أردنا الحديث عن زيت ذي جودة.
الشمع الذي يشكل غشاء حامي لقشرة الزيتون ينتقل جزئيا أثناء عملية العصر إلى زيت الزيتون البكر. على زيت الزيتون البكر أن لا يحتوي على أكثر من 250 مغ\كغ من هذه المادة. نجد أرقاما مرتفعة لهذه المادة في الزيت المصفّى باعتبار أن مواد التصفية تساعد على مزيد تحلّل هذه المادة. لذلك تعد هذه الطريقة (التصفية) مناسبة

بصفة مشروطة لتبيان زيت بقايا زيتون داخل زيت الزيتون البكر.
من خلال ضوارب الامتصاص يتم تحديد عناصر الامتصاص K232 و K270 و ΔK. من خلال التحليل يمكن التعرّف على مواد التأكسد المختلفة. إلا أنّه هذه الطريقة ليست في قمة الدقة ومع ذلك تعطي لأهل الاختصاص فكرة على درجة حداثة زيت الزيتون البكر.

من الممكن إلى جانب ذلك الإشارة في العلامة إلى جملة من الخصائص الحسية الخاصة بالمذاق. يمكن الإشارة إلى صفات تتعلق بعملية الفحص الحسّي مثل *ثمري و مرّ و حار*، كما يمكن ذكر إشارات إضافية *كثمري ضعيف أو خفيف المرارة*.

بعض المنتجين يعزفون إلى الإشارة في علامة التعليب إلى إن كان زيت الزيتون البكر المعروض مصفى أو غير مصفى. يُفضّل الزيت غير المصفى على المصفى نظرا لأن عملية التصفية تؤدي إلى تلاشي عديد المواد الثمينة التي تخص المذاق والمحتوى.

نجد كذلك على علامة زيت الزيتون معلومات إضافية كـ "معصور بالبارد" أو "عصرة أولى" أو ما يشبه ذلك. إنها معلومات كان من ممكن الاستغناء عن ذكرها قبل دخول مقاييس الاتحاد الأوروبي حيز التنفيذ. إزاء التقنيات المعتمدة اليوم تعد كل زيوت الزيتون البكر زيوتا مستخرجة من عملية العصر الأولى والوحيدة. حسب التعليمات الجديدة فإن الإشارة إلى أن الزيت مستخرج من عمليات العصرة الأولى بالطريقة الباردة تكون فقط جائزة في حالة استُخرج فيها الزيت عبر الضغط الميكانيكي بطريقة استخلاص تقليدية تكون فيها درجة الحرارة في مستوى 27 درجة على أقصى تقدير. لا يمكن استعمال مصطلح "عصرة أولى بالبارد" إلا إذا ما استخرج الزيت بطرق الترشيح أو الطرد المركزي تحت حرارة لا تتعدّى 27 درجة.

يجب أن يفهم مصطلح غير ساخن و ذلك يعنى عمليا درجة "بارد" في إطار عملية استخراج الزيت كنقيض لساخن، أي حرارة أقصاها 27 درجة.

إذا ما لم تتم الإشارة في العلامة إلى تاريخ الإنتاج فإنه يمكن التعرف على ذلك من خلال الإشارة إلى مدة الصلاحية إذأنّ هذه المدّة محددة بسنتين انطلاقا من تاريخ الإنتاج. من خلال هذه المعلومات يمكن التعرّف كذلك على درجة نضج زيت الزيتون. فضلا عن ذلك لا يجب بالطبع نسيان ذكر كمية الزيت المعلبة على علامة التعليب.

يلقى زيت الزيتون البكر المستخرج من الغراسات البيولوجية طلبا متزايدا، إذا ما كان الزيت المعروض زيتا بيولوجيا فإنه يجب ذكر المؤسسة المصادقة على المنتوج في علامة التعليب مثل "ايكوسار" لأوروبا

أو "نوب" للولايات المتحدة الأمريكية.

إذا وجدت على علامة القارورة أو العلبة عبارة "أُنتج" أو "عبئ" في ... (ايطاليا مثلا) فهذا لا يشير بالضرورة الى المصدر الحقيقي لهذا الزيت أو الزيتون الذي أُنتج منه هذا الزيت. يتسنى لكبار الشركات التجارية أن تعرض منتوجها من زيت الزيتون بأسعار مناسبة جدًا في السوق لأنها ليست منتجة في المقام الأول بل هي تشتري الزيت من بلدان و مناطق مختلفة. يُخلط هذا الزيت فيما بعد ويصبح خليطا (coupage/blending). ويعتبر ذلك الطريقة الوحيدة التي تُمكن هذه الشركات من المحافظة على مذاق و جودة لا يتغيّران على مدى أعوام. وليس في هذا الأمر عيب. تعتبّر هذه الطريقة العمليّة المتداولة امرأ مألوفا لدى أهل الاختصاص وبالخصوص في إيطاليا. إن كميات الزيت المسخرة للاستهلاك المحلي داخل ايطاليا وكميات الزيت التي تصدّر تحت اسم "زيت ايطالي" تتعدّى بأضعاف حجم الزيت المنتج داخل البلاد. يتمتّع زيت الزيتون التونسي نظرا لجودته العاليّة بسمعة جيّدة جدا لدى كبار المشترين.

إلا أن هناك إمكانية لرفع أي لبس. كما الحال بالنسبة للمنتوجات من الخمور فإنه بإمكان منتجي الزيت بأوروبا الإشارة إلى المصدر المراقب لمنتوجهم من خلال علامة الجودة كـ AOC لفرنسا و DOC لإيطاليا و DO لإسبانيا. تمت في تونس برمجة هذه المنظومة في المستقبل فقد أذنت مؤخرا وزارة الفلاحة التونسية بالقيام بدراسة تحدد المقاييس والخصائص المفصلة لتسمية مراقبة للمصدر AOC خاصة بتونس. يجوز حسب قانون الاتحاد الأوروبي الإشارة إلى مصدر زيت الزيتون البكر على علامة التعليب إذا ما كان هذا الزيت يحتوي على نسبة 75 % من نفس المصدر على الأقل. عبارات مثل: "أُنتج وعُبّئ لـ..." لا تتضمّن بالضرورة إشارة إلى المصدر الحقيقي لهذا الزيت بل إلى مسوّقه فحسب.

في النهاية يجب أن تتضمّن علامة التعليب معطيات كـ "اسم المنتج او المعبأ إضافة إلى أُنتج في... أو انتاج ....".

المعطيات الموجودة على علامة التعليب (إجباري، جائز)
الصنف (مثلا زيت زيتون بكر رفيع)
من العصرة أولى بالبارد
مصفى / غير مصفى
ثمري النكهة، حار، مرّ
بيولوجي
مصادق عليه من (مثلا "ايكوسار"، "نوب"، "بيوسويس" "بيويابان")
نسب تحليل الكيميائي: الحموضة، رقم الأكسدة، الشمع، ضارب الامتصاص
المنتج / المعبئ
الكمية الصافية
تاريخ الصلوحية أو تاريخ الانتاج
صنع في .... / إنتاج ....

الفحص الحسّي - التحليل التحسّسي

لا تتحدّد نوعيّة زيت الزيتون البكر من خلال نسبة الحوامض الدهنية المحضة الممكن تحديدها بصفة موضوعية / عملية أو من خلال نسبة 28 مقياس فيزيوكميائي والتي تتم عبر فحوص مخبرية فحسب بل تتشكل كذلك إلى حد كبير اعتمادا على خصائص المذاق. يعدّ زيت الزيتون البكر مادة غذائيّة طبيعيّة حيّة و أصيلة تتأثر بحساسية إزاء التلوث والاستعمال غير الملائم، حيث تتغيّر رائحته بسرعة بفعل ما يحيط بها. لهذا السبب تمنع الكثير من معاصر الزيتون التدخين داخل فضاءات الإنتاج والخزن. باعتبار أن الفحوصات المخبرية لا تكشف عن نقائص المذاق والنكهة، تتشكل عملية التذوّق تكملة ضروريّة للتحليل الكيميائي.

يعتبر زيت الزيتون البكر أول منتوج غذائي، يتحدّد تصنيفه عبر عملية التذوق من طرف مجموعة من الخبراء. فقط زيت الزيتون البكر وحده يتم فحصه بالتحسّس!

يتم اختيار وتدريب هؤلاء الأشخاص الذين يقومون بالتقييم العضوي لزيت الزيتون البكر و الذين نسميهم المتذوقون، حسب قدرتهم على التمييز بين عينات متشابهة وبذلك توافقهم مع معايير مجلس زيت الزيتوني العالمي (COI). علاوة عن ذلك يكون المتذوقون ملزمون بالمشاركة في تظاهرات التقييم العضوي التحسسي على الصعيد الوطني والعالمي والتي تعمل على المتابعة المستمرة لمقاييس التحسّس وتوحيدها. لا يدخّن المتذوقون في أغلب الأحيان ويتجنبون الأكلات اللاذعة ويترددون نادرا على المطاعم حتى يحافظون على قدراتهم الثمينة ونعني بذلك أعصاب الشمّ والتذوق.

لا يحتاج المستهلك العادي بأن يقوم بهذه الأمور بالتأكيد. لكن من المهم أن يطلّع الواحد على الطريقة والمقاييس التي تتم طبقها عملية التذوق المحترف. وهنا تصح المقولة: "التدرّب يصنع البطل". إن القدرة على تذوّق زيت الزيتون والدقة في هذه العمليّة تتحسن بفعل الخبرة.

تتم عملية التذوّق الاحترافي في قاعة اختبار كبيرة هي الأخرى مقسمة إلى غرف منفصلة حيث يمكن للمتذوقين أن يركزوا على صوت حواسهم بعيدا عن كل مؤثرات المحيط المزعجة. تتشكل مجموعة الفاحصين من 8 إلى 12 فاحص. تقدم لهم العينات في شكل مغلق، مصحوبة برقم مميز سري. يجب أن تتراوح درجة حرارة العينات في حدود 28 درجة (-/+ 2 درجات). تكون ساعات الصباح أنسب وقت للقيام بعملية التذوّق. يُنصح الفاحصين أن لا يأكل شيء ساعة قبل عملية

يجب أن تكون غرفة التذوّق مجهزة بلائحة وصف للصنف وعينات من الزيت إلى جانب الماء المعدني وقطع من التفاح.

التذوّق الرسميّة كما يُنصحون بعدم استعمال العطور والصابون ومواد التجميل الأخرى التي قد تؤثّر على نتيجة التذوّق بصفة حساسة.

يتعيّن على كل فاحص ينتمي إلى مجموعة المتذوقين شمّ الزيت الموجود بكأس الفحص أوّلا ثم تذوقه حتى يتسنى ولادة انطباع شامل من حاسة الشمّ والتذوّق واللمس وتحليلها. يجب أن تسجّل حدة كلّ إحساس بكل خاصية إيجابية أو سلبية في لائحة وصف الزيت. يعد اللون بالنسبة للتصنيف الرسمي غير مهم ولا يؤخذ بعين الاعتبار. لهذا السبب صممت كؤوس التذوّق بألوان تتدرج من اللون البني الشبيه بلون الصدأ إلى اللون الأزرق.

تتمّ عملية الفحص كما يلي: يتمّ إدارة الكأس بشكل كلي حتّى تطلى الجوانب الداخلية للكأس بالزيت، حينها يزيل الفاحص غطاء الكأس واضعا أنفه على فتحته مباشرة و يستنشق بعض الأنفاس بهدوء ولا يجب أن تتخطى عملية الشم هذه الثلاثين ثانية. بعدها مباشرة يتذوّق الفاحص بعضا

عادة ما تُصمّم كؤوس التذوق بألوان تتدرج من البني الشبيه بلون الصدأ إلى اللون الأزرق ويكون غطائها خالي من أي رائحة.

من ذلك الزيت بكمية في حدود 3 مل. من المهم أن يوزع المتذوّق كمية الزيت في كامل دواخل الفم دون ترك الأجزاء الجانبية و الخلفية للفم حيث أنه معروف أن تحسس الأربع مذاقات الأساسية (حلو، مالح، مر و حاد) يكون مختلف الحدة باختلاف المكان الذي تلامسه من اللسان و الحنك و البلعوم. إنّ عمليات التنفس القصيرة والمتتالية عن طريق الفم لا تساعد فقط على إيصال الزيت كامل دواخل الفم مرّة أخرى فحسب بل تمكنّ من تحسّس النكهات المختلفة والعابرة عن طريق النظام العكسي للأنف.

كاستعداد لفحّص العينة التّالية يُنصح تناول 15 غ من التفاح و مضغها ثم غسل الفم بالماء. لا يجب أن تتم عملية تذوّق ثانية إلا بعد استراحة تدوم 15 دقيقة.

باعتبار زيت الزيتون البكر زيت مستخرج من ثمار طبيعية فإنّه يكون ذا جملة من الروائح ترتبط بنوعيّة الزيتون إن كانت سليمة يانعة، خضراء أو ناضجة، طالت مدة حفظها أو أنها حوّلت في

ظروف جيّدة. هذا الانطباع الحسي المتعلق بالنكهة يُصطلح عليه بـ "ثمرية النكهة".

إلى جانب مصطلح "ثمري" هناك مصطلحان مهمّان هما "مرّ" و"حار" معترف بهما كأوصاف إيجابية من قبل المجلس العالمي لزيت الزيتون في إطار تقييم الخصائص الحسية و المذاقية لزيت الزيتون البكر.

قد يُفاجأ الواحد حين نتحدّث عن المرارة والحرارة كميزتين أساسيتين للجودة. تتحصل كل عملية زيتون بكر لا يكون مذاقه حارا أو لاذعا أثناء عملية التذوّق الاحترافي على عدد رديء.

يُوصي الاتحاد الأوروبي بالالتزام بتوصيات المجلس العالمي لزيت الزيتون فيما يتعلق بالمصطلحات الأساسية العامة وغرف الفحص والطريقة المعتمدة وكؤوس العينات. حتى فيما يتعلق بشكل لائحة وصف المنتوج التي يسجّل فيها الفاحص انطباعاته، والمصطلحات المستعملة في هذا الشأن و يلتزم الاتحاد الأوروبي بمعايير المجلس العالمي (COI) لزيت الزيتون بشكل صارم.

لائحة وصف النوعيّة

(تستعمل من قبل الفاحص)

تحسّس النقائص	الحدة (الدرجة)
لاسع	
متعفن / رطب	
شبيه بمذاق النبيذ / بمذاق الخلّة	
غربني\طمي	
شبيه برائحة المعادن	
نتن(كريه الرائحة\متعفن)	
عيوب أخرى (تسجيلها)	
تحسس الخصائص الايجابية	
ثمري النكهة	
مر	
حار	

اسم المتذوّق / الفاحص — الرقم الخاص بالعينة

التّاريخ

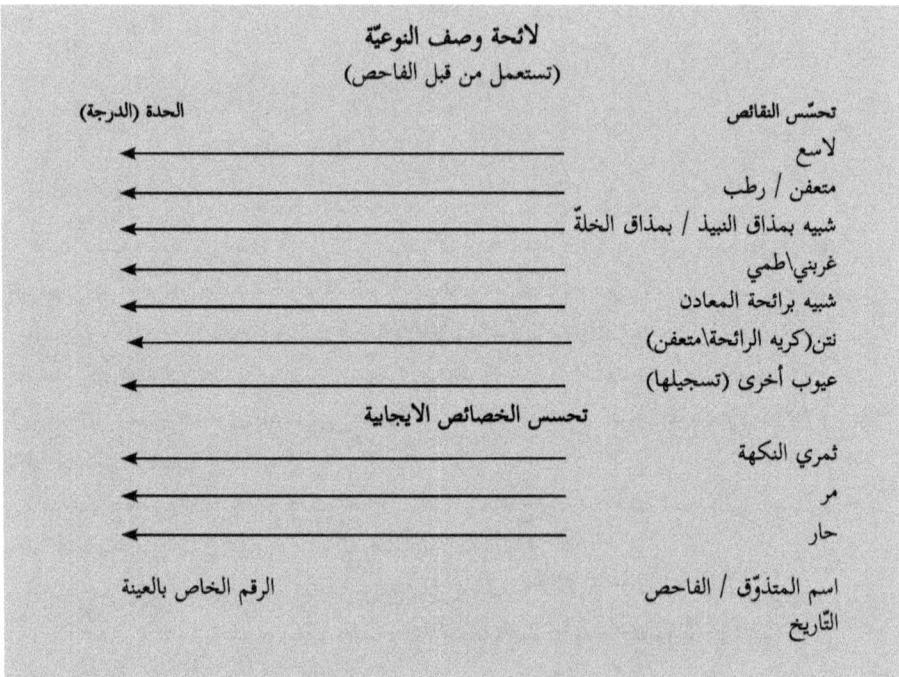

تُستعمل لائحة الوصف هذه من قبل الفاحصين. تتم ترجمة حدة هذه الأوصاف من خلال سلم يتراوح بين 0 - 10 حيث ترمز درجة 0 إلى عدم وجود هذه الصفة في حين ترمز درجة 10 إلى درجة عالية جدا لهذه الصفة. انطلاقا من نتائج الفحص هذه المسجلة يتم تصنيف زيت الزيتون البكر.

هنا نسوق المصطلحات الخاصة بتقييم زيت الزيتون:

الصفات الايجابية

- ثمري النكهة: أحاسيس الشمّ المباشرة أو عن طريق الانعكاس الأنفي لزيت مستخرج من ثمار سليمة يانعة، خضراء أو ناضجة. مفعم بنكهة ثمار خضراء، مفعم بنكهة ثمار ناضجة.
- مرّ: يعد المذاق المميز لزيت استخرج من ثمار خضراء أو مخضرّة.
- حار: تنميل يتحسس باللمس و يخص الزيوت التي تستخرج أساسا في بداية الموسم من زيتون لا يزال طازجا.

الصفات السلبية

هناك قائمتان للصفات السلبية.

نجد الصفات السلبية التالية في لائحة الفحص و هي تظهر في زيت الزيتون البكر باستمرار:

- لاسع: مذاق خاص بالزيت المستخرج من زيتون في حالة متقدمة من التخمر لأنه لم يتم تحويله بالسرعة المطلوبة.
- متعفن - رطب: خاص بالزيت المستخرج من زيتون مصاب بالعفن و فطريات الخميرة بسبب خزنه في مكان رطب لعديد الأيام.
- شبيه برائحة الوحل: مذاق خاص بالزيت الذي لامس وحل الترسيب في الأحواض و البراميل.
- شبيه بمذاق النبيذ أو الخلة: خاص بالزيوت التي يذكرنا مذاقها بطعم النبيذ و الخلة و يعود ذلك إلى تخمر الزيتون الذي تكون فيه حامض الخلة و مادتي "ايتانول" و "ايتيل آسيتات".
- شبيه برائحة المعدن: طعم يذكرنا برائحة المعدن، يخص الزيت الذي لامس طويلا مساحات من المعدن و ذلك أثناء عمليات الطحن و السحق و العصر و الخزن.
- نتن: مذاق خاص بالزيوت المتأكسدة.

يمكن للفاحص ذكر الصفات التالية في لائحة الوصف تحت عنوان "صفات أخرى":

- محترق - ملتهب: طعم مرده عملية تسخين مبالغ فيها أو طويلة المدى في إطار عملية استخراج الزيت خاصة عند التعامل غير السليم مع ارتفاع الحرارة في عملية إنتاج معجون الزيتون.
- شبيه برائحة التبن و الخشب: يتأتى هذا الطعم من الزيتون الجاف.
- فض\طازج: يطلق على الزيت الذي يترك في الفم إحساسا بالانتفاخ و الغلظة.
- شبيه بزيت التشحيم: طعم يذكرنا بوقود المازوت و الشحم او البترول.
- شبيه بماء الثمار: طعم ينشأ عند التحام الزيت بماء الثمار لمدة طويلة.
- مملح: طعم يخص الزيوت التي استخرجت من زيتون احتُفظ به لمدة طويلة في مملحة.
- شبيه بطعم الحلفاء: خاص بالزيوت التي استخرجت من زيتون تم عصره بواسطة دواسات جديدة من الحلفاء. ترد هذه الرائحة بدرجات متفاوتة حسب جفاف أو اخضرار الحلفاء.

- شبيه برائحة التربة: طعم يتأتى من التربة و الوحل العالقتان بالزيتون غير المغسول.
- ملسوع بالديدان: طعم يخص الزيوت المستخرجة من زيتون مصاب بصغار بعوض الزيتون.
- شبيه بطعم الخيار: طعم تتسبب فيه عملية الخزن الطويلة في حاويات عديمة التهوية مثل حاويات القصدير الأبيض على وجه الخصوص و ما ينشأ معه من مادة 2,6 "نونادينال".

تصنيف الزّيت حسب نتائج الفحص الحسّي

كما أسلفنا القول في فصل "تصنيف زيت الزيتون" لا يعتمد تصنيف الجودة فقط على نتائج التحليل الكيميائي. أي زيت يحتوي على نسبة من الحوامض الدهنية المحضة في حدود لـ 0,8 % أو أقل والذي يصنف على أساس ذلك كزيت زيتون بكر رفيع يجب أن يتراجع تصنيفه كزيت زيتون بكر إذا ما كان ذي عيوب في مستوى المذاق، بل يمكن أن يتقهقر صنفه إلى درجة زيت الوقود إذا ما استنتجت عيوب كبيرة عند عملية التذوّق.

يصنف زيت الزيتون حسب متوسط قيمة النقائص المستنتجة و متوسط قيمة النكهة الثمرية من خلال المصطلحات التالية. نعني بمتوسط قيمة النقائص متوسط قيمة اكثر صفة سلبية محسوسة. يطابق معدل القيمة في حال يكون عدد الدرجات المصنفة حسب الحجم فرديا القيمة الوسطى، أما إذا كان هذا العدد زوجيا فيطابق متوسط القيمة الدرجة المتوسطة الدرجتين الرئيستين. (مثلا: درجات من 1 إلى 5 ← متوسط القيمة يكون 3، درجات من 1 إلى 6 ← متوسط القيمة يكون 3,5).

زيت الزيتون البكر الرفيع: يكون متوسط النقائص 0 و متوسط النكهة الثمرية فوق 0.
زيت الزيتون البكر: يكون متوسط النقائص فوق 0 و أقل أو يساوي 2,5 أما متوسط النكهة الثمرية فيكون فوق 0.
زيت الإشعال: يكون متوسط النقائص أعلى من 2,5 أو أن هذا الأخير أقل أو في مستوى 2,5 حين يكون متوسط النكهة الثمرية في مستوى 0.

في البلدان خارج الاتّحاد الأوروبي تعتمد النسب القصوى والدنيا مع بعض المرونة كما يعتمد الصنفان التاليان "زيت زيتون بكر عادي" و "زيت إشعال بكر" المعترف بهما من طرف المجلس العالمي لزيت الزيتون (COI) والتي كانت متداولة كذلك في داخل الاتحاد الأوروبي. انطلاقا من 1 نوفمبر 2003 (الترتيب 1513 / 01) أصبحت تعتمد داخل الاتحاد الأوروبي النسب القصوى والدنيا والأصناف التالية.

الصنف	نسبة الحوامض الدهنية المحضة (%)	الفحص عبر التذوّق متوسط النقائص (Md)	الفحص عبر التذوق. متوسط النكهة الثمرية (Mf)
زيت الزيتون البكر الرفيع	≤ 0,8 % EU	Md = 0	Mf > 0
زيت الزيتون البكر	≤ 2,0 %	0 < Md ≤ 2,5	Mf > 0
زيت الإشعال	> 2,0 %	2,5 < Md Md ≤ 2,5	Mf = 0
زيت زيتون مصفى *	≤ 0,3 %	مقبول	
زيت زيتون	≤ 1,0 %	جيد	
زيت بقايا الزيتون مصفى	≤ 0,3 %	مقبول	
زيت بقايا الزيتون	≤ 1,0 %	جيد	

* النسبة الدّنيا للزيت المصفى وخليطه تكون على هذا الشكل باعتبار الحوامض الدهنية المحضة التي يتم عزلها عند عملية التصفية.

كيف يمكنني التعرّف على الزيت الجيّد

نظرا لارتباطه بمعطيات طبيعية يختلف زيت الزيتون البكر في المذاق واللون حسب التاريخ، الموقع، والمناخ، لهذا السبب لا يمكن تحديد أفضل زيت زيتون بكر بعينه بل يمكن في هذا الصدد توضيح الطريقة والمقاييس التي يمكن من خلالها التعرف على زيت زيتون عالي الجودة أو توضيح الطريقة التي من خلال يتم اختيار زيت مناسب للذوق أو المناسبة الشخصية.

يستوجب على الشركات ذائعة الصيت والتي تشتري كميات هائلة أن تعرض كل سنة زيت زيتون بكر يكون بنفس المذاق تقريبا. لضمان هذه الاستمرارية يتم خلط العديد من زيوت الزيت البكر مع بعضها البعض، في الغالب يتم خلط زيت الزيتون البكر أو المصفى مع زيت زيتون بكر رفيع عالي الجودة لتهذيب مذاق الخليط. هذه العمليّة تساعد على توفير أسعار مناسبة في السوق وهذا لا يعني أن هذا الزيت أقل جودة.

على عكس من ذلك يكون زيت الزيتون البكر الرفيع باهض الثمن غير مخلوط بل يتأتى من معصرة واحدة بل حتى من ثمار واحدة. إذن يعتبر السّعر في الغالب مؤشرا لجودة زيت الزيتون البكر رفيع القيمة إلا أن هذا الأمر يبدو صحيحا للوهلة الأولى فحسب. يمكن للمرء أن لا يكون محضوضا في اختياره حيث أن زيت الزيتون البكر باهض الثمن لا يكون بالضرورة جيّد. إلا أنه من المؤكد أن زيت الزيتون البخس الثمن لن يكون جيّدا جدا. حيث أن تكاليف الإنتاج وعملية الجني بصفة خاصّة تعدّ مكلفة جدّا.

إلا أنّ أي سعر باهض مجحف الغلاء يعد غير منطقي ولا يمكن تبريره. ما عدا بعض الاستثناءات فالزيت المقطّر الذي أتينا على ذكره (زيت النضوح) والذي يتأتى بصفة محضة من عصر الزيت دون أي وسائل ميكانيكية، يكون سعره الباهظ منطقيا بسبب محدودية كمية هذه النوع من الزيت المنتج وكثافة الوقت الذي تتطلبه عملية استخراجه. هذا المنتوج المتميّز هو عبارة عن زيت زيتون بكر رفيع بأتم معنى الكلمة، حيث عصر بدون تأثير حراري بصفة كاملة وهو زيت بالفعل ذو قيمة عالية.

لا يعد كل زيت زيتون بكر رفيع زيت رفيع الجودة و لكن لا يوجد زيت رفيع الجودة لا ينتمي إلى صنف زيت الزيتون البكر الرفيع.

لكن كيف تتعرفون على زيت زيتون بكر يروق لكم مذاقه؟

نظموا حفْل تذوق! استضيفوا أصدقائكم و اطلبوا من كل واحد منهم أن يحمل معه زيته المفضل حتى يتم تذوقه من قبل الجميع بطريقة شبه احترافية. صوّرا نسخ من „لائحة وصف النوع الخاصة بالفاحص“ الموجودة على الصفحة 68 من هذا الكتاب و وزّعوها على أصدقائكم. احضروا قطعا صغيرة من التفاح و املؤوا الكؤوس بالمياه المعدنية. اطلبوا من أصدقائكم أن يتوقفوا عن التدخين لفترة و أثناء عملية التذوّق و أن يكتفوا بشرب الماء.

اسكبوا مقدار 15 مل من زيت الزيتون (حوالي ملعقتي أكل) في كأس شبيه بإبريق "الكونياك" و غطّوه بغطاء خال من أي رائحة. امسكوا بالكأس حتى ترتفع درجة حرارة الزيت الموجود بداخله شيئا ما من خلال إمالته يمنة و يسرة بحركة خفيفة. أبقوا على الكأس مغطى أثناء هذه العملية.

تحسّسوا كخطوة أولى الرائحة. أديروا الكأس ببطء و بشكل مائل يمكّن الزيت من الوصول الى الجوانب الدّاخلية للكأس. قربوا الكأس إلى أنفكم ثم افتحوه و استنشقوا بعض الأنفاس العميقة ببطء. أغلقوا الكأس من جديد و ابقوا على حرارته الدافئة. احفظوا جيدا درجة النكهة الثمرية التي تحسستموها.

نأتي الآن إلى التذوّق. تناولوا جرعة ضئيلة بمقدار 3 مل تقريبا ثمّ وزعوها على كامل المناطق الداخلية للفم، لا تنسوا المناطق الجانبية و الخلفية. من خلال أنفاس قصيرة و متتالية (مثل عملية تذوّق الخمر تقريبا) ينفذ الزيت الى كل مداخل الفم و يتسنى تحسس مختلف الروائح العابرة عن طريق النظام الانعكاسي للأنف.

حاولوا الآن أن تقدموا تقييما من خلال الجمع بين إحساسكم بالرائحة و المذاق. سجلوا انطباعاتكم على لائحة الوصف. قبل المرور الى فحص الزيت التالي عليكم تناول قطعة صغيرة من التفّاح و غسل الفم بالماء. استريحوا لمدة 15 دقيقة، يمكنكم استغلال هذا الوقت لتبادل الانطباعات مع أصدقائكم.

الطريقة المنزلية لاستخراج زيت الزيتون البكر

من السهل نظريا استخراج زيت الزيتون البكر بشكل فردي باعتباره منتوجا طبيعي الصرفة يستخرج فقط عبر عملية العصر الميكانيكية بدون أي إضافات كيميائية. يحتاج المرء لهذا الغرض بعض الأدوات اليدوية و المهارة و التجربة حتى يتسنى التحصل على زيت زيتون بكر معصور بإتقان، تكون فيه نسبة الحوامض الدهنية المحضة متدنية و يكون مذاقه ممتاز. من المستحسن لاستخراج الزيت من حقولكم الخاصة اللجوء إلى معصرة مختصّة يدفع لها أجر التحويل يتحدد حسب الوزن.

حتّى يتبين للأطفال و الدارسين بشكل جليّ طريقة استخراج زيت الزيتون البكر يمكن إتباع المراحل الأربعة الأساسية لاستخراج الزيت و الاستنارة بالطريقة المعتمدة في العالم القديم و التي لا زالت تعتمد من حين لأخر من بعض التونسيين.

الغسل و الطحن: يجب في البداية سحق الزيتون المغسول بواسطة جرن أو آلة المطبخ أو آلة فرم اللحم.

العصر \ الضغط: يتم ملأ كيس الخيش و غلقه بإحكام ثم يعلق في مسمار أو في غصن. يُدار الكيس بعدها بشكل لولبي كما لو يتعلق الأمر بعصر الثياب بهدف تخليصها من ماء الغسيل. تنشأ من خلال ذلك قوة ضغط تساعد على عصر الزيتون فيتقاطر زيت الزيتون البكر من الكيس، يجب عندها فصل الزيت عن ماء الثمار في عملية لاحقة.

هكذا كان المصريون القدامى يعصرون زيت الزيتون.

الترسيب: إنها العملية التي يتم من خلالها فصل الزيت عن ماء الثمار. يسكب ماء الثمار في وعاء عميق بعض الشيء. بعد فترة يمكن تجميع زيت الزيتون البكر العائم على سطح ماء الثمار بواسطة مغرفة. كما يمكن استعمال وعاء تكون بأسفله فتحة صغيرة مجهزة بحنفية أو ما يشبهها حتى يتسنى تسريب ماء الثمار الأكثر وزنا من الأسفل.

التصفية: لا تُصفى بالضرورة كل زيوت الزيتون البكر، حيث عادة ما تتسبب هذه العملية في تلاشي العديد من المواد المفيدة كالمواد الداكنة و أجزاء من أنسجة الثمار. إضافة إلى ذلك فإن زيت الزيتون يصبح مع مرور الوقت أصفى و أوضح بشكل تلقائي، حيث تستقر مياه الثمار و جزيئات أنسجته بعد انقضاء بعض الوقت في قاع الوعاء. إذا ما أردت تصفية الزيت فيمكن ترشيح هذا الزيت عبر قطعة من القماش.

الخزن و مدة الصلاحية

يمكن الاحتفاظ بكميات الزيت المعدة مباشرة للاستهلاك في قوارير بلور مزينة. بخصوص الكميات الأكبر من الزيت يستحسن استعمال أوعية من الفخار أو مادة الإينوكس التي تحمي الزيت الحساس إزاء الضوء من أشعة الشمس.

يعتبر زيت الزيتون البكر زيتا ثابتا و قابلا للخزن وذلك بسبب تركيبته و احتوائه على كميات كبيرة من مضادات التأكسد. يجب حماية زيت الزيتون البكر المحتفظ به في البيت قدر الإمكان من تلك العناصر التي تعود بالنفع على شجرة الزيتون كأشعة الشمس و الريح و الحرارة. ينصح لذلك الاحتفاظ بزيت الزيتون بعيدا عن الضوء و الهواء (الأكسجين) و الحرارة المرتفعة. أما البرودة فليس لها أي تأثير ضار على جودة الزيت بحال من الأحوال بل هي تغير من كثافته فحسب حيث يصبح ثقيل السيولة و منتفشا. ما إن يوضع هذا الزيت في مكان دافئ كالبيت حتى تزول هذه العوارض كليا. يمكن الاحتفاظ بالكميات الصغيرة من الزيت في قارورة بلور يكون داكنا قدر الإمكان أو في إبريق فخاري. أما الكميات الأكبر و التي قد تمثل حاجة المرء السنوية من الزيت كما هو معتاد في تونس فمن الأفضل حفظها في أوعية خاصة من مادة الإينوكس أو على الطريقة التقليدية في جرار فخارية توضع في مكان بارد بعض الشيء كالسرداب.

يجب حفظ زيت الزيتون البكر في أوعية تكون قدر الإمكان داكنة و عازلة للحرارة المرتفعة. تعتبر أباريق الفخار و قوارير البلور الداكن و الأوعية الخاصة المصنوعة من مادة الإينوكس الرفيع مثالية لهذا الغرض.

يمكن اقتناء أوعية الإينوكس و التي عادة ما تكون مجهزة بأنبوب تعقيب عملي و تكون مختلفة الأحجام ذي طاقة استيعاب تتراوح بين 5 و 100 لتر من المحلات المختصة. اعتادت العائلات التونسية على خزن حاجياتها السنوية من زيت الزيتون في جرار فخارية توضع في مكان ظليل بارد. أمّا عملية الخزن المحترفة لكميات الزيت الضخمة و التي تعتمد في معاصر الزيت و من قبل مصدريه فتتم كما هو معتاد في العديد من الأماكن في خزانات السراديب المغطاة بالبلاط و التي تذكرنا بقبو الدهاليز. إلا أن هناك توجه مستقبلي لمزيد اعتماد حاويات الإينوكس العازلة للضوء و الهواء و التي تكون مجهزة بجهاز يمّكن من التحكم في درجة حرارة الخزن. بفضل أحدث التطورات التقنية يمكن تجهيز هذه الحاويات المصنوعة من مادة الإينوكس بأجهزة لتزويد زيت الزيتون بالنيتروجين مما يوفر للزيت حماية كلية من مادة الأكسجين المضرة. في كل الأحوال فان مبادئ خزن الزيت البكر هي ذاتها التي يجب اعتمادها من كل من يريد القيام بها، إن كان منتجا، أو تاجرا، أو مستهلكا على حد السواء.

يجب أن يكون لزيت الزيتون البكر الرفيع والذي تم خزنه لمدة عام بطريقة صحيحة نفس المذاق الرفيع و أن يكون على نفس النسبة الضئيلة من الحوامض الدهنية المحضة.

تُعدّ السّراديب المغطاة بالبلاط مثالية لخزن زيت الزيتون البكر، إذ أنها تضمن حماية الزيت من أشعة الشمس الضارة وتجعله على درجة مستقرة من الحرارة بشكل طبيعي.

يُمكن الإقرار مبدئيا بأن زيت الزيتون البكر لا يفسد فعليا في ظروف ملائمة، إلا أنه يصبح بمرور الوقت خفيف المذاق و أكثر صفاء بطريقة طبيعية. إذا كان الأمر يتعلق بزيت زيتون بكر رفيع خالي من أي عيوب والذي لم يتعرض إلى أي تلوّث بعد إتمام التحاليل الكيمائية أي أثناء عملية التعبئة فإنّه من الأكيد أن يحافظ هذا الزيت حتى بعد انقضاء بعض السنين على جودته العالية إذا ما كانت عملية الخزن مثالية. إلا أنه يجب على تجار الزيت حسب القانون الأوروبي أن يضعوا على علامة منتجوهم مدّة صلاحية لا تتجاوز السنتين.

بدون شكّ يعمل منتجو ومصدرو ومعبئو زيت الزيتون على خزن الزيت على الشكل الأمثل حيث ينعكس ذلك في الجودة الرفيعة لزيت الزيتون البكر (نسبة الحوامض الدهنيّة المحضة). من ناحية أخرى يتمّ متابعة العملية المثلى لخزن الزيت من قبل مختلف المنظمات التي تمنح المصادقة علي مواصفات زيت الزيتون البيولوجي. كما تتم عملية المراقبة المستمرة من طرف المشترين التابعين للشركات الكبرى.

في مخزن عصري لزيت الزيتون بتونس نجد 30 صهريجا من مادة الإينوكس الرفيعة والتي تقدر طاقة استيعابها الجملية بـ 900 طن و يبلغ طول كل صهريج 6 م ويكون ذي قطر بطول 2,5 م وطاقة استيعاب تقدر بـ 30 طن.

صهاريج لزيت الزيتون من مادة الإينوكس ذو طاقة استيعاب تقدر بـ 250 طن.

زيت الزيتون: ليس مادة غذائية فحسب

ليس هناك شكّ ولا اختلاف في أن لزيت الزيتون إلى جانب قيمته الغذائية الفائقة مجالات استعمال أخرى متعددة. فمنذ الإغريق كان يُستخدم زيت الزيتون في الاعتناء بالجسم و المداواة. و لا يشكل زيت الزيتون في هذا السياق المادة الأساسية للمراهم فحسب، بل أهم من ذلك وظيفته كمادّة أساسية فاعلة. يمنح زيت الزيتون البكر بشرة الإنسان ذلك العضو الأكبر في جسم الإنسان والذي مكنه من احتواء من استيعاب مواد غريبة عنه، يمنحه السلامة وطول العمر. فعمر الزياتين الطويل يعكس متانتها الطبيعية. تعبر المناعة والحيويّة ركائز وجودها.

"غذاءكم هو دواءكم و في غذاءكم يكمن شفاءكم".

كان هيبوقراط (460 - 377 ق م) أحد أشهر الأطباء في كل الأزمنة ينصح قبل 2500 سنة مرضاه باستعمال زيت الزيتون لمداواة الالتهابات و الكوليرا وآلام العضلات.
يمكن للعلماء اليوم انطلاقا من عديد الأبحاث البرهنة من خلال النتائج على ذلك الأمر المتعارف عليه منذ الآف السنين:

> يعد زيت الزيتون أحسن الأشياء التي يمكن أن يخصّ بها الإنسان صحته!

يُعتبر "زيت الوسط" كما يصطلح على زيت الزيتون البكر من قبل علماء الأنتروبوزوفيا غنيا جدّا بفيتامين E و هو مضاد طبيعي للتأكسد. كما يحتوي هذا الزيت على الفيتامينات A و D ذات الأهمية البالغة و المذيبة للدهنيات، كما يتكون هذا الزيت إلى حدود 80 % من حوامض دهنية مفردة غير مشبعة و التي لها تأثير ايجابي على معدّل الكولسترول مما يجعلها تحمي الإنسان من أمراض القلب والدورة الدمويّة.

> يغطي الشخص البالغ نصف حاجته اليومية من فيتامين E و حاجته اليومية من الحوامض الدهنية غير المشبعة إذا تناول 4 ملاعق من زيت الزيتون البكر يوميا.

لا تكون عملية تحوّل المواد التي يتناولها الجسم ممكنة بدون الحوامض الدهنية غير المشبعة ولذلك تكتسب هذه الحوامض قيمة حيوية بالنسبة لجسم الإنسان.

تم إدماج زيت الزيتون البكر المستخرج من الزيتون الأسود في قائمة المواد الصيدلية الفرنسية. يعتبر ذلك ترجمة لتحوّل يتمثل في إقرار رسمي بدور زيت الزيتون البكر كمادة علاجيّة.

الكولسترول والحوامض الدهنيّة

يمثل الكولسترول المادة الدهنيّة التي توجد في الدم والتي يحتاجها الجسم للمحافظة على وظائفه. ينتج الجسم نفسه هذه المادة بشكل جزئي. تعتبر هذه المادة مكونا أساسيا لجدران الخلايا وهي كذلك المادة الأمّ لمختلف الهرمونات الهامة. كما يحتاج الكبد إلى الكولسترول، حتى ينتج حامض المرارة والتي يعد أساسيا بدوره في عملية الهضم. قسم كبير من الكولسترول يتكون في داخل جسم الإنسان. الجانب الأصغر يضاف عن طريق الغذاء، لا يمكن للإنسان أن يستمرّ في الحياة بدون مادة الكولسترول. قد تؤدي النسبة المرتفعة من الكولسترول في الدم والتي تتأتّى من تناول غير رشيد و عبثي للحوم والمواد الحيوانيّة إلى أمراض خطيرة في مستوى القلب والدورة الدموية والتي قد تصل إلى حدود النزيف الدماغي والجلطة القلبية.

الدهنيات مادة صحيّة. تشكل الدهنيات مصدر طاقة فعّالا ومركّزا لخلايا الجسم البشري، يحتاج الجسم هذه الطاقة حتى يحافظ على وظائفه الحيوية الهامة و حتى يتسنى له تجديد أنسجته. إلا أنه يجب المحافظة على التوازن بين مختلف المواد المغذّية للجسم: مائيات الكربون و البروتينات والدهنيات. تحتل المادة الدهنية في هذا السياق مكانة متميّزة باعتبارها مادة لا يمكن لجسم الإنسان الاستغناء عنها. إنها تحمل تلك الطاقة التي تمكّن الإنسان من تطوير قدراته الذهنية والجسمانية، كما أنها تحتوي على فيتامينات A و D المذيبة للدهنيات، إضافة إلى فيتامينات E و K والتي لا يمكن لجسم الإنسان استيعابها إلا عبر الدهنيات. لذلك من الجدير أن تضاف مثلا بعض القطرات من زيت الزيتون البكر دائما في كأس من عصير الجزر، ذلك يمكن الجسم من استيعاب فيتامين A الذي يحتوي عليه عصير الجزر بشكل جيد، علاوة عن استيعابه لفيتامين E القيم المتواجد في زيت الزيتون البكر. فضلا عن ذلك تساعد الدهنيات على تكوّن أملاح المرارة الضرورية لعمليّة الهضم. إن تزويد الجسم بالحوامض الدهنية الأساسيّة من خلال عمليّة التغذيّة يمكنه من إنتاج باقي الحوامض الدهنيّة اللازمة.

الدهنيات ليست مضرّة بل الدهنيات غير السليمة وحدها مضرة!

مبدئيا ليست كميّة الدهنيات هي التي تؤثر على صحة الإنسان، بل الأهم هو نوعيّة هذه الدهنيات.

الحوامض الدهنية المشبعة التي توجد غالبا في الدهنيات الحيوانيّة يمكن لها عند الاستهلاك المفرط للحوم و السجق ولمشتقات الحليب كالزبد و الجبنة على وجه الخصوص أن تؤدي إلى ارتفاع مستوى الكولسترول في الدم ممّا يسبّب أمراض القلب والدورة الدمويّة. توجد في البلدان الغربية في الغالب ثلاثة أنواع من الحوامض الدهنية المشبعة: حامض "اللورين" و الذي يوجد في زيت نواة النخيل و زيت جوز الهند و حامض "المريستين" الذي يوجد في الزبد وزيت جوز الهند و حامض "البلمتين" والمتواجد في الدهنيات الحيوانية.

الحوامض الدهنية المتعددة غير المشبعة التي تتوفّر غالبا في الدهنيات والزيوت النباتيّة وغلال البحر والأسماك. كما هو معروف منذ أمد تعد الحوامض الدهنية المتعددة غير المشبعة ضرورية لبعض عمليات تحوّل المواد في جسم الإنسان. يجب تناول هذه الحوامض يوميا عبر عملية الأكل باعتبار أنها لا تتشكل بصفه آلية في جسم الإنسان. أهم الحوامض الدهنية المتعددة غير المشبعة هو حامض "اللينول" والذي يتواجد أساسا في زيوت النبات كزيت عباد الشمس.

حسب أحداث المعلومات العمليّة ليست الحوامض الدهنية المتعددة غير المشبعة هي التي تجعل نسبة الكولسترول متوازنة بالدرجة الأولى بل هي **الحوامض الدهنية المفردة غير المشبعة**. لهذا التحوّل المعرفي في العلم والطبّ يعود فضل الاهتمام المتزايد المسخّر لزيت الزيتون البكر. تساعد هذه الحوامض الدهنية المفردة غير المشبعة التي تشكل بدورها نسبة حوالي 80 % من مجموع الدهنيات الموجودة في زيت الزيتون البكر على خفض نسبة الكولسترول المرتفعة في الدم كما أن لها تأثير إيجابي على تشكيل دهنيات الدم عموما. أهم حامض دهني مفرد غير مشبع هو حامض الزيت الموجود في زيت الزيتون البكر.

تساعد **الحوامض الدهنية المفردة غير المشبعة** على خفض قيمة الكولسترول في الدم، كما لها تأثير إيجابي على تشكل دهنيات الدمّ.

جدول مقارنة يتعلّق بنسبة الدهنيات الجملية والحوامض الدهنية المشبعة، كما يخص نسبة الحوامض الدهنية غير المشبعة المتعددة والمفردة بوحدة الغرام في 100 غرام من الدهنيات أو الزيوت:

الدهنيات و الزيوت:	الدهنيات (المجموع)	حوامض دهنية مشبعة	حوامض دهنية مفردة غير	حوامض دهنية متعددة غير	كولسترول مغ\100 غ
الزبد	83,4	52,0	21,0	3,10	240
المرغرين	84,0	50,0	23,0	11,00	115
زيت الزيتون *	100,0	17,2	72,9	9,90	0
زيت الفول السوداني	100,0	19,5	52,5	26,40	2 - 1
زيت الذّرى	100,0	31,3	20,7	47,20	4 - traces
زيت السوجا	100,0	15,8	23,5	59,70	2
زيت عباد الشمس	100,0	7,5	34,0	58,00	3 - traces
زيت الجوز	100,0	91,2	7,5	0,75	1

* يتعلّق الأمر بنسب متوسطة

يحتوي زيت الزيتون البكر على خليط مثالي من الحوامض الدهنية المشبعة والمتعددة والمفردة غير المشبعة مما يكفل تغطية حاجة الإنسان اليومية من تلك الدهنيات، حيث يحتاج جسم الإنسان إلى الحوامض الدهنية الثلاثة على أن يكون كل نوع من الحوامض على القدر الصحيح.

أضحى في المدة الأخيرة يفضل الاعتماد على مستحضرات التغذية غير المعدية المعتمدة على زيت الزيتون عند عملية التغذية غير المعدية عوض المستحلبات الدهنيات و اللازمة في حالات المعالجة السريرية للكهول و الأطفال و المصابين بأمراض الجهاز الهضمي أو بتعطله و عند المواليد السابقة لأوانها و حالات الصدمات و المحتاجين للعناية المركزة إلى جانب حالات ما بعد العمليات الجراحية الكبيرة. أثبتت العديد من الدراسات المزايا اللافتة لهذه المستحضرات بالمقارنة بمستحلبات الدهنيات المتداولة و المعتمدة على زيت حبات السوجا. إن المستحلبات المحتوية على زيت الزيتون تؤدي إلى تموين متوازن من الحوامض الدهنية الأساسية و تقترن بنسبة أقل من تأكسد الدهنيات مما يضفي إلى نشوء للجذريات الضارة بالأنسجة أقل حدة،كما توفر هذه المستحضرات فعالية أفضل ضد التأكسد و استقرار للمناعة.

LDL و HDL

توجد أنواع مختلفة من الكولسترول تعد من بينها نوعيتان ذو قيمة مميزة: LDL (مادة دهنية ذو

كثافة متدنية: low density lipoprotein) و HDL (مادة دهنية ذو كثافة عالية: high density lipoprotein)، يمثل LDL ذلك الكولسترول المسبب لأمراض الشرايين من خلال تكوّن صفائح في الغشاء الداخلي للأوردة أو بشكل أوضح من خلال رسوب مواد دهنية صلبة في الشرايين. إلا أن LDL في حدّ ذاته لا ُيعتبر مضرّا. تتغير التركيبة الكيمائية لـ LDL غبر عملية التأكسد ممّا يمكنه من الاستقرار في جوانب الغشاء الداخلي للشرايين وبمرور الوقت يؤدي ذلك إلى تصلّب الشرايين. أمّا HDL فهو الواقي من هذه الأمراض باعتبار وظيفته في خفض نسبة كولسترول LDL في الدمّ من خلال اجتثاثه لهذه المادّة ونقلها إلى الكبد حيث يتمّ التخلص منه.

الكولسترول HDL تأثير وقائي على الشرايين!

تعمل الحوامض الدهنية المفردة غير المشبعة على خفض نسبة كولسترول LDL المضرّ وعلى المحافظة في الآن نفسه على كولسترول HDL النافع. بفضل المواد الطبيعية المضادة للتأكسد التي يحتويها ـ الحوامض الدهنية المفردة غير المشبعة و فيتامين E و "بيتاكاروتين" ومواد أخرى ذي فعالية مضادة للتأكسد ـ يقلّص زيت الزيتون البكر من قابلية تأكسد كولسترول LDL و يبطل تحوله الكيميائي الضار. تبعا لذلك لا يصبح بإمكان مادة LDL الاستقرار في الشرايين وهكذا تتشكل حماية فعالة من أمراض تصلّب الشرايين. للحوامض الدهنية المتعددة غير المشبعة والموجودة أساسا في الأسماك وعباد الشمس والذرى تأثير يخفض من نسبة كولسترول LDL الضار، إلا أنه يخفض في الوقت نفسه نسبة كولسترول HDL النافع.

للمواد الكيميائية المخفّضة للدهنيات والتي توفرها اليوم الصناعات الصيدلية، في أغلب الأحيان مضاعفات كبيرة، لذلك يعد من المفرح أن تكمن في زيت الزيتون البكر هذه المادة الطبيعيّة الخالية من المضاعفات قدرة خفض مستوى كولسترول LDL.

تركيبة مختلف الحوامض الدهنيّة في زيت الزيتون البكر

يتكون زيت الزيتون البكر من 8 إلى 26 % من حوامض دهنية مشبعة. في حين تمثل الحوامض الدهنية المتعددة غير المشبعة أي حامض لينول ولينولان (الحامض الدهني اوميغا 6 و اوميغا 3) نسبة تتراوح بين 3 و 22 %. تشكل الحوامض الدهنية المفردة غير المشبعة والتي تسمى كذلك حامض الزيت نسبة تتراوح بين 53 و 87 %. يحتوي زيت الزيتون البكر على المزيج المثالي من الحوامض الدهنية التي تضبط مستوى الكولسترول. هذا المزيج لا يتوفر في أي زيت آخر، يحتوي زيت الزيتون البكر على اثنين من الحوامض الدهنية الأساسيّة والتي لا يمكن للجسم البشري توفيرها بصفة ذاتية و هما حامض الزيت و حامض اللينول. يوجد حامض الزيت كذلك في حليب الأم المرضعة حيث يساهم في النمو الطبيعي لعظام الرضيع.

كما لزيت *الزيتون البكر* الرفيع نظرا لما يحتويه من كميات كبيرة من الحوامض الدهنية المفردة غير المشبعة تأثيرا إيجابيا على أمراض القلب والدورة الدموية والسّكري. لقد توصل الأطباء وعلماء التغذية إلى الاستنتاج بأن **تحويل النّمط الغذائي** إلى اعتماد زيت الزيتون البكر الرفيع كمصدر أساسي للدهنيات يُفضي إلى نتائج أفضل من خفض الدهنيات أو الاستغناء عليها استغناءا كاملا. في السابق كان يُنصح مريض السّكري باعتماد نظام غذائي قليل الدهنيات وغنيا بمائيات الكربون. تُظهر نتائج أحدث الدراسات بأن الحمية الغذائية الغنية بالحوامض الدهنيّة المنفردة غير المشبعة تعدّ أكثر نفعا لمرضى السكري حيث أنها تحسّن مردودية مادة الأنسولين. أثبتت إحدى الدراسات أن النظام الغذائي الذي يحتوي على 50 % من الدهنيات و 35 % من مائيات الكربون يكون أكثر ملائمة لعمليّة تحوّل المواد داخل الجسم من ذلك الغذاء الذي يحتوي على 25 % من الدهنيات و 60 % من مائيات الكربون. يترسّخ هذا التأثير أكثر بفعل أن هذا الخيار الغذائي يعد ألذّ وأكثر تنوعا ويلقى إقبالاً أوسع من قبل المريض مما يجعل التزامه بهذا النظام الغذائي أيسر من التزامه بالنظام الغذائي شبه الخالي من الدهنيات. ثبت بان مرض السكري يتطوّر بشكل أسرع لدى الأشخاص الذين يتناولون قسطا كبيرا من الدهنيات الحيوانية مما يعني عمليا كمية كبيرة من الكولسترول. لذلك يتعيّن على الأشخاص المعرضين أكثر من غيرهم للإصابة بمرض السكري (مثل الذين لهم أقرباء من الدرجة الأولى مصابين بمرض السكري) أن يحوّلوا بصفة منظّمة نظامهم الغذائي إلى نظام يأخذ فيه زيت الزيتون البكر الرفيع مكان الدهنيات الحيوانيّة.

لا يحتوي زيت الزيتون البكر إطلاقا على الكولسترول على عكس كل الدهنيات والزيوت الحيوانية ومعظم النباتية!

تم في إطار دراسة في إسبانيا تقسيم مجموعة من مرضى ضغط الدمّ إلى فريقين. تناول الفريق الأوّل غذاءًا يعتمد على زيت عباد الشمس (حوامض دهنية متعددة غير مشبعة) في حين يعتمد النظام الغذائي للفريق الثاني على زيت الزيتون البكر الرفيع (على الأقل 70 % من الحوامض الدهنية المفردة غير المشبعة). سُجّل بعد انقضاء أربعة أسابيع **انخفاض ملحوظ لضغط الدّم** عند الفريق الذي اعتمد في غذائه على زيت الزيتون، في حين لم يُسجّل أي تأثر واضح عند الفريق الآخر.

تمّ التوصل في إطار دراسة حول وظائف القلب أنجزت في مدينة ليون الفرنسية إلى أنه بالإمكان مجابهة الخطر الدّاهم للجلطة القلبية بأكثر فاعليّة من خلال توجّه منتظم نحو اعتماد كميات إضافية من زيت الزيتون البكر الرفيع في النّظام الغذائي. تمّ في إطار هذا البحث طويل المدى المنجز في "ليون" معالجة مرض الجلطة القلبية عبر إتباع نظام غذائي يعتمد على زيت الزيتون البكر الرفيع. **تقلصت جلطات القلب** عند هؤلاء المرضى بنسبة 70 % بالمقارنة بمرض الفريق الأوّل. لا يتسنى

تحقيق مثل هذه النتائج بأي من الأدوية المتوفرة في السّوق في يومنا هذا.

يساعد النظام الغذائي الذي يكون فيه زيت الزيتون البكر المصدر الرئيسي للدهنيات على خفض خطر تجلط الشرايين بشكل جليّ. تعمل الحوامض الدهنية أوميغا 3 والتي تعتبر من الحوامض الدهنية غير المشبعة إلى خفض مدّة تخثّر الدم وتعرقل عمليّة تآكل صفائح الدمّ (الترومبوتسيت). لدواء الأسبرين نفس التأثير. لقد تمت مقارنة تأثيرات النظام الغذائي المعتمد على زيت الزيتون البكر الرفيع بتلك التأثيرات الناجمة عن نظام غذائي يعتمد على زيت السلجم أو زيت عباد الشمس. لقد تبيّن أن العوامل المساعدة على تخثّر الدمّ الكامنة في الأكلة الدسمة يكون لها مفعول محدود إذا ما تمّ استعمال زيت الزيتون البكر كمصدر أساسي للدهنيات. لقد أثبت زيت الزيتون في إطار هذه الدراسة أفضليته على باقي الزيوت من خلال **خفضه لخطر التجلّط**.

في هذا المضمار يمكن ذكر العديد من الدراسات العلميّة الجديّة التي توصلت إلى نفس الاستنتاج:

إذا ما أراد المرء الحدّ من المخاطر الصحيّة إلى أقصى حد ممكن و وقاية نفسه من عديد الأمراض كأمراض القلب والدورة الدموية وضغط الدمّ ومرض السكري وتجلّط الشرايين و داء المفاصل وسرطان القولون و البروستاتا و الصدر وعضو المبيض على سبيل الذكر فإن يستوجب عليه بشكل سريع وحازم قدر المستطاع إلى العزوف إلى نمط غذائي يجتنب فيه إلى حد كبير الدهنيات الحيوانية و'يعتمد فيها على زيت الزيتون البكر كمصدر أساسي للدهنيات.

يجب الحرص في هذا السياق على أن يعوّض زيت الزيتون البكر الرفيع بشكل كامل الدّهنيات الحيوانيّة على وجه الخصوص ولا أن يتم تناوله بشكل إضافي إلى جانب بقية الدهنيات، عدا ذلك يعرض المرء نفسه إلى ازدياد في الوزن. حيث يوافق غرام واحد من زيت الزيتون البكر مقدار 9,3 كيلو من الوحدات الحرارية. مقدار ملعقة أكل من زيت الزيتون البكر يحتوي على 14 غ من المواد الدهنية أي ما يعادل 130 كيلو من الوحدات الحرارية تقريبا.

يمكن للمرء ببساطة أن يميّز بين مختلف الدهنيات دون اللجوء إلى البحث المضني في الجداول والأرقام: تجعل الحوامض الدهنية غير المشبعة المواد رطبة وسائلة، نتحدّث هنا عن الزيت. في حين تكون الحوامض الدهنية المشبعة والتي تتواجد في الدهنيات الحيوانية، كالزبد والشحم، في درجات حرارة المنزل على شاكلة صلبة. هنا يصحّ القول: كلما زادت كميّة الحوامض الدهنية المشبعة في مادة ما كلما كانت هذه المادّة أكثر صلابة وحدّة. لذلك تعتبر الحوامض الدهنية المشبعة أقل ملائمة للسلامة الصحيّة حيث أنّها ثابتة وجامدة وتعطّل إحدى خصائص الدم وهي انسيابه.

المواد النباتيّة الثانويّة

يتشكل زيت الزيتون البكر بنسبة تفوق 95 % من الحوامض الدهنية. النسبة الباقية والتي تقدر بـ 5 % تتشكل من جملة من مجموعات مختلفة بدون قيمة تذكر من حيث الكم، إلا أن لها وظائف هامة. ليس لهذه المواد النباتية و التي تُسمّى كذلك "مواد مصاحبة" أي قيمة غذائية، إلا أنها تساعد النباتات على صدّ الأمراض والآفات، كما تساعدها على ضبط نموها وتشكّل إلى جانب ذلك مادة ملونة (مثل الكاروتين). بعض هذه المواد الثانوية تساهم في استقرار الزيت أو في وظائف تخصّ المذاق والرائحة. يعتبر البعض ذا تأثير إيجابي على صحّة الإنسان، لأنها تبطل عمليات مضرّة ومدمّرة كتأكسد الدهنيات الذي تسببه "الجذريات الحرة".

إلى جانب تركيبة الحوامض الدهنية المتميّزة تشكل المواد النباتية الإضافية عاملا إضافيا يجعل من زيت الزيتون مادة ثمينة لصحة الإنسان ومبررا إضافيا لاعتماده كمصدر رئيسي للدهنيات في تغذية صحيّة.

تُقسّم المواد النباتية الثانوية إلى فيتامينات و مواد معدنية ومواد "الفينول" إلى جانب المواد الخاصة بالذوق والرائحة و مواد ماء الكربون و مواد "السترول". سنتعرض إلى تأثير بعض هذه المواد بالتفصيل في الصفحة التاليّة. تدعم بعض الدراسات العلميّة الفرضية القائلة بأن المزيج المتشكل من هذه المواد النباتية المختلفة المعروفة والغير معروفة يعد بفضل التفاعل المتبادل أكثر فاعلية من مجموع جملة المكونات الواحدة.

تشير نتائج دراسة أنجزت قبل بضعة أعوام إلى أن التناول الإضافي لزيت الزيتون البكر الرفيع في إطار نمط غذائي منتظم وحده يؤدي إلى انخفاض ملحوظ لضغط الدم. انهّ تأثير لا يتأتى إلا بفضل زيت الزيتون البكر الرفيع والذي لا يعود إلي نسبة الحوامض الدهنية المفردة غير المشبعة التي يحتويها الزيت بل إلى التأثير التفاعلي القائم بين مختلف المواد الفاعلة والتي تتواجد في زيت الزيتون البكر.

الفيتامينات و المواد المعدنيّة

يحتاج جسم الإنسان للمحافظة على وظائفه إلى الفيتامينات والمواد المعدنية. بعض هذه المواد يقوم الجسم ذاته بإنتاجها بشكل جزئي أو كامل والبعض الآخر يتلقاها عبر عمليّة الغذاء اليومي.

يتم تناول الفيتامينات المذيبة للدهنيات في العادة مع المواد الغذائية المتضمنة للدهنيات. يحتوي زيت الزيتون البكر على الفيتامينات المذيبة للدهنيات كفيتامينات A و E و D و K. باعتبار أن الفيتامينات المذيبة للدهنيات يمكن خزنها في شحم الجسم في الكبد و الكلى فإنه ليس بالضروري تناولها يوميا مع الأكل. تعد المواد المعدنية المغذية اللاعضوية ضرورية للتكوّن البنيوي لأنسجة الجسم الصلبة و الطرية، كما لها دور في العديد من العمليات التي تتمّ في الجسم كحركة أجهزة "الأنزيم"، و انقباض العضلات و تفاعل الأعصاب و تخثّر الدم. يجب تزويد الجسم بالمواد المعدنية عبر عملية الأكل. يحتوي زيت الزيتون البكر على معادن كـ "الكلسيوم" و "الكاليوم" "الماغنيزيوم" بكميات جديرة بالذكر.

تحتوي 100 غ من زيت الزيتون البكر على نسبة هامة من فيتامين E تكون بين 12 إلى 25 مغ وتصل في بعض الأحيان إلى مستوى 43 مغ، وهي كميّة تتجاوز حاجة الإنسان اليومية من هذا الفيتامين. إلا أن نسبة الفيتامين E التي يحتويها الزيت ترتبط بعوامل مختلفة كعمليّة الزرع ودرجة نضج الزيتون وظروف ومدّة الخزن.

يفوق مقدار الفيتامين E التي يحتويه زيت الزيتون البكر بخمسة أضعاف ما يحتويه الزبد من هذا الفيتامين!

في هذا السياق يجب التأكيد على المفعول المضاد للتأكسد الذي يتمتع به الفيتامين E و قدرته على إبطال المفعول الضار لجذريات الأوكسجين. بهذه الطريقة وبفضل مفعولها الوقائي لغشاء الخلايا يكون لهذا الفيتامين مفعول مضاد لعملية التهرّم السابقة لأوانها، كما أنها تمنح البشرة والشعر قوة وحيوية. كما لفيتامين E دور في تكوّن الكريات الحمر والعضلات والعديد من الأنسجة الأخرى كما أن له مفعول مضاد لنشأة مرض السّرطان ويحمي من خطر أمراض القلب والدورة الدموية. لقد تبيّن في إحدى الدراسات بأن التناول المكثف لفيتامين E على مدى سنتين يقلّص بشكل ملحوظ خطر الإصابة بمرض القلب التاجي بنسبة تتراوح بين 31 و 65 %. بعض الدراسات الأخرى تُظهر أن الانخفاض في نسبة الفيتامين E في مستوى المصل (sérum) و الجبلة (plasma) يكون مصحوبا بخطر جدّ محتمل للإصابة بسرطان الرئتين و العنق و البروستاتا.
يمكن للنقص في فيتامين E أن يتسبب في اختلال في مجال الإنجاب والعضلات والجهاز العصبي و الدّماغ. كما يمكن لهذا النقص أن يؤثر على منظومة أوعية القلب وخلايا الدّم والكبد. يكون الأطفال والرضع الذين يتناولون على مدى أشهر حليب الأبقار معرضين بشكل واسع إلى نقص في فيتامين E. لتجنّب هذا الأمر تعمد الأمهات التونسيات إلى إضافة بعض القطرات من زيت الزيتون

البكر الرفيع إلى غذاء الرضع والأطفال، إذ يعتبر زيت الزيتون بفضل تركيبته الشبيهة بحليب الأم ملائما جدّا للأطفال والرّضع حيث يشكل الحامض الدهني المفرد غير المشبع، المسمى حامض الزيت والذي تصل نسبته في زيت الزيتون البكر الرفيع إلى حدود 80 % مكوّنا هاما من مكونات حليب الأم الطبيعي. يلعب هذا الحامض دورا جد هام في بناء العظام والخلايا عند الأطفال والرّضع كما له تأثير إيجابي على تطوّر الدّماغ والجهاز العصبي والقدرة على التعلّم.
تقدر حاجة الإنسان اليوميّة من فيتامين E بـ 12 مغ وتزداد نسبة الحوامض الدهنية المتعدّدة غير المشبعة الكامنة فيه بالتناميا المتزايد للكميّة المستهلكة منه.

فيتامين A يعد تسمية جامعة لجملة من التركيبات الطبيعية والكيميائية المختلفة. يوجد في نشأته النباتية في شكل "كروتينويد" (caroténoïde) ليحوّل لاحقا في جسم الإنسان إلى فيتامين A. لفيتامين A دور مهم في عملية البصر حيث أنه يشكّل مع مادة بروتين "الأوبسين" خضب البصر "غودوبسين" (rhodopsine). كما أنه ضروري لنمو و تشكّل الغشاء الوقائي للنسيج الذي يغطي المساحة الداخليّة والخارجية للجسم. تبعا لذلك لفيتامين A دور في تشكّل البشرة والأغشية المخاطية ونسيج الغضروف، بل لفيتامين A تأثير حتى على عملية التكاثر (تشكل الحيوانات المنويّة و نمو المشيمة و الجنين) وتكوّن هرمون "التستوسترون" (testostérone).
يمكن لأي نقص في الفيتامين A أن يتجلّى في اختلال عملية "ملائمة الظلمة" (ما يصطلح عليه بعمى الليل). كما يمكن ان تنشأ في وقت لاحق "كسيروفتلمي" (تجفف قرنية و ملتحمة العين و اختلال في غدة الدموع)، و التي قد تؤدي إلى فقدان البصر إن لم تعالج. كما ينعكس الفيتامين A في اختلال نمو ألياف "الايبيثال" (épithélium)، و يمكن له ان يؤدي إلى تشوه البشرة الذي يلاحظ من خلال الجفاف البالغ للبشرة و تدني كبير لإفرازات الغشاء المخاطي مما يسهل ولوج العديد من بذور الأمراض. يؤدي انسداد الغدد الدهنية الى نشوء بشرة مشوهة و مشوّكة و شعر فظ. بل قد يصل الأمر إلى الضمور (atrophie) (تآكل الأغشية المخاطية و تلاشي الغدد المخاطية) و الى اختلال في بناء العظام. قد يكون لنقص الفيتامين A مفعول ضار على عملية التكاثر حيث قد يسبب تشوه خلقي للجنين أثناء فترة الحمل.
تقدر حاجة البالغ اليومية من مادة RE بـ 1 مغ بالنسبة للرجال و بـ 0,8 مغ بالنسبة للنساء.

تحتوي 100 غ من الزيتون على نفس القدر من فيتامين A الذي يكمن في 50 غ من الزبد او 1,5 لتر من الحليب.

يشبه **الفيتامين D** من حيث طريقة تأثيره إلى حدّ بعيد الهرمونات ويعد هاما في توازن ضبط نسب الفسفاط والكلسيوم في القولون و الكلى والعظام (دعم عملية امتصاص الفسفاط والكلسيوم وعملية المعدنة (تحويلها إلى معادن). تقدر حاجة الإنسان اليومية من هذا الفيتامين بـ 5 مغ.

قد يتسبّب الامتصاص الغير الكافي للكلسيوم و الفسفاط عبر الأمعاء وإعادة امتصاصها عبر الكلى عند الرضيع والأطفال الصّغار والأطفال الذين يتغذون بالنبات دون سواه في اختلال بالغ لعملية تصلب الجهاز العظمي يكون مشفوعا بتشوه للعظام الطرية غير قابل للإصلاح (على وجه الخصوص القفص الصدري الجمجمة والساقان المعوجّة). وأما فيما يخص البالغين فقد يؤدي النقص في الفيتامين D في ظروف معينة إلى "أوستيومالزي" (ostéomalacie) (تلين العظام الطرية والميل إلى الاعوجاج).

تحرص الأمهات المرضعات في تونس على تناول غذاء متوازن متضمنا لكميات وافرة من زيت الزيتون عالي الجودة إذ أنه معروف لدى الجميع بأن الفيتامين وباقي المواد الكامنة في غذاء الأم المرضعة يتنقل إلى حليبها. لاحقا يُضاف إلى حساء الرضيع دائما بعض القطرات من زيت الزيتون البكر الرفيع.

يشكل زيت الزيتون البكر الرفيع تلك المادة الدهنية الطبيعية والتي تشبه من حيث تركيبتها إلى حدّ بعيد حليب الأم مما يجعله جدّا ملائما للرضّع.

يتضمّن **فيتامين K** جملة من الفيتامينات ذات التأثير المضاد للنزيف و تلعب دورا هاما على مستوى الكبد من خلال المساهمة في عملية تفاعل العديد من عوامل تخثّر الدم المختلفة. يتجلى نقص الفيتامين في ازدياد مدّة تخثّر الدّم ونزيفه في أعضاء وأنسجة مختلفة من الجسم، بل قد يؤدي هذا النقص إلى مرض الكبد المزمن. قد يفضي هذا النقص عند الرضيع في أسوأ الحالات إلى نزيف في الدماغ. تُقدر حاجة الرجل اليومية من هذا الفيتامين بـ 80 مغ تقريبا في حين تقدر حاجة المرأة بـ 65 مغ.

من المعروف في المناطق التقليدية لغراسات الزيتون بأن زيت الزيتون البكر يعد مناسبا لتغذية الرضع والأطفال الصغار بامتياز.

يُعتبر الكلسيوم ضروريا لنموّ العظام وتصلبها كما أن له دور في تكوّن "إسمنت" الأسنان وأغشية الخلايا و يعتبر الكلسيوم مهما في عملية تخثر الدم والقدرة الانفعالية للأنسجة العصبية والعضلية كما أنه ذو أهمية لعملية انقباض العضلات. يؤدي نقص الكلسيوم إلى هشاشة و تطري العظام و تثقّبه (ostéoporose). كما يمكن أن يتجلى النقص في الكلسيوم في العصبية والحساسية المفرطة للعضلات وفي الشد العضلي.

يحتوي الزيتون على نفس القدر من الكلسيوم الذي يحتويه حليب الأبقار (100غ / 120مغ)!

يعد معدن الكاليوم مسؤولا على المحافظة على المخزون الساكن للخلايا وله دور في العمليات الكهربائية في مستوى الأنسجة العصبية والعضلات وكما يتولى الكاليوم الحفاظ على الضّغط النافذ داخل الخلايا و على تكون الكريات البيض و على تحويل مائيات الكربون. يتجلى النقص في الكاليوم في اختلال الدورة الانفعالية وفي الشدّ العضلي.

يعد الماغنيزيوم مكونا أساسيا لجسم الإنسان وضروريا لتحويل المواد بداخله وفي المحافظة على المخزون الكهربائي لخلايا الأعصاب والعضلات كما يعدّ ضروريا لبناء العظام و الأوتار وفي تشكيل الأجسام المضادة. يتجلى النقص في مادة الماغنيزيوم على سبيل المثال في ارتعاش العضلات والارتعاش عند المدمنين على الكحول كما يتجلى في الشدّ العضلي عند ممارس الرياضة، كما يتمظهر هذا النقص كذلك في انخفاض الوزن واختلال نسق القلب وضعف مناعة الجسم.

تركيبات الفينول

توصف تركيبات الفينول عادة على أنها مضادات فعّالة للتأكسد. تتضمن نوعية الفينول الموجودة في زيت الزيتون البكرعلى جملة من المواد المختلفة مثل حامض "الفنيلين" وحامض القهوى و "هيدروكسيتيروسول" و "تيروسول" و "أوليوربين" و "ليغستروسيد" و حامض "غالوس" و حامض "الكومار" و "فلافونويد". من الأرجح أن الحرارة المرتفعة المعتمدة أثناء عملية التصفية لها تأثير تحطيمي لمادة الفينول حيث تكون نسبته في زيت الزيتون البكر الرفيع أعلى من تلك التي توجد في زيت الزيتون المصفى.

يمكن اعتبار زيت الزيتون البكر الحديث الصنع ذو المذاق المفعم بالثمار ذي نسبة عالية من تركيبات الفينول. يحتوي زيت الزيتون البكر الطازج المعروض من قبل الشركات التجارية المعروفة

على نسب متدنية من الفينول باعتبارها زيوت مشفوعة بعمليات تأكسد متقدمة. انه زيت زيتون عديم المذاق ذي نقائص تتعلق بنسب الفينول تلاحظ عند الفحص التحسسي كما عند التحليل الكيميائي. هذا لا يعني بالمرة بأن الزيوت الرخيصة عديمة القيمة تماما من الناحية الصحية، بل هي أقل قيمة من زيت الزيتون البكر ذي الصنف الممتاز. يعد التفاوت في نسبة تركيبات الفينول ذو تأثير واضح.

قد يحتوي زيت الزيتون البكر الرفيع ذو الجودة العالية قدرا من تركيبات الفينول يفوق عشر مرات القدر الذي تحتويه الزيوت الأخرى الأقل جودة!

تصل حبّات الزيتون التي تقطف باليد إلى معصرة الزيوت في حالة جيدة لا تشوبها شائبة، لذلك تعد الزيوت المستخرجة من هذا الزيتون زيوتا عالية الجودة. تظهر التحاليل الكيميائية أن الزيوت المستخرجة من أشجار الزيتون القديمة تحتوي بدون شك قدرا أعلى من الفينول بالمقارنة بالزيوت المستخرجة من الزياتين الأصغر سنا.

يعد أوليوربين من الفينول الجدير بالذكر الكامن في زيت الزيتون البكر والذي تسنى عزله في مطلع القرن العشرين. منذ ذلك الوقت بدأت دراسته العلمية الممنهجة. يمنح أوليوربين لشجرة الزيتون تلك القدرة على الصمود و تلك المتانة و تلك المناعة المميّزة. تبدو هذه المادة مادة معجزة ذي مفعول متعدد الأوجه والذي سنتعرض لتباينه بالتفصيل في الفصل الخاص بأوراق الزيتون من هذا الكتاب. لهذه المادة في شكلها الأصلي دور فعّال في خفض ضغط الدم وتوسيع الشرايين والحماية من اختلال حركة القلب كما يعد أوليوربين مادة طبيعية مضادة للتأكسد سنتعرض لتأثيرها بالوصف المفصل في الفقرة التالية الخاصة بمضادات التأكسد.

تم في أحدى الدراسات العلميّة إطعام أشخاص سليمون صحيا غذاءا يتضمّن قسطا وافرا من زيت الزيتون البكر. تبين بعد تناول الوجبات مباشرة وجود تركيبات الفينول في الدم بكل أصناف "البروتينات الدهنية" باستثناء VLDL إلى جانب تنامي القدرة المضادة للتأكسد.

من تحليل بالماء (الحلمهة) (hydrolyse) ينقسم مادة أوليوربين إلى مادتين أخريين. لحامض "الإينول" الذي ينشأ في هذا الإطار مفعول مضاد للمكروبات حيث يقاوم البكتيريا والفيروسات والفطريات. أمّا المادة الثانية التي تنشأ في هذه العملية تدعي. DHPE انها تعمل ضدّ تغيّر الخلايا وتحمي بهذه الطريقة الخلايا من الأضرار. تحد مادة DHPE من التخمر التي تعد مسؤولة على نشوء التهابات وتصلّب الشرايين وحتى السّرطان.

إضافة إلى مفعولها المضاد للتأكسد لتركيبات الفينول الكامنة في زيت الزيتون البكر الرفيع مفعول جلي في الحد من الالتهابات والحماية من المكروبات.

مضادات التأكسد

يلعب الإرهاق الناجم عن التأكسد دورا جوهريا في نشوء العديد من الأمراض كمرض شرايين تاج القلب والسرطان. تبيّن الاستنتاجات العلميّة باستمرار بأن مضادات التأكسد لها قدرة الحماية من الإرهاق الناجم عن التأكسد و تساعد على الوقاية من تأكسد كولسترول LDL.

إنه لمن الضروري في هذا السياق الوقوف عند شرح مقتضب ومبسّط في مجال الكمياء حتى يتسنى/ يوضيح كيفيّة تأثير مضادات التأكسد. تتكوّن كل ذرة من جزيئات صغيرة أي من جزيئات محايدة / شاغرة (نيوترونات) وأخرى مشحونة سلبا (إلكترونات) وأخرى مشحونة ايجابا (بروتونات). توجد الجزيئات المحايدة والمشحونة إيجابا في نواة الذرة في حين تدور الجزئيات المشحونة سلبا والمشحونة إيجابا في مجرى حول هذه النواة. تكون بعض الذرات والموليكيلات (molécule) (مجموعة من الذرّات) مشحونة سلبا أي أن لها عدد من الجزيئات المشحونة سلبا أكثر من تلك المشحونة إيجابا في حين يكون البعض الآخر مشحونا إيجابا - أي أنه ينقصها الجزئيات المشحونة سلبا. لذلك تعمل الذرات دائما على الدخول في علاقة تفاعلية مع عناصر أخرى حتى تجعل من شحنتها شحنة محايدة. في هذه العملية تشترك الذرات في جزيء مشحونا سلبيا. اذا ما كان الجزيء المشحون سلبا بدون زوج مقابل، فيتعلق الأمر إذن بجزيء مشحونا سلبا غير متزاوج.

عند التفاعلات الكيميائية العديدة التي تتمّ في جسم الإنسان تنشأ العديد من المواد الانتقالية غير المستقرّة، والتي تحتوي على جزئيات مشحونة سلبا غير متزاوجة. تكون هذه المواد الانتقالية ميالة إلى التفاعل حيث انها تسعى بكل قواها إلى انتزاع تلك الجزيء المشحون سلبا الذي ينقصها من ذرة أخرى. تسمى هذه المواد الانتقالية "الجذريات المحضة" كجذريات الأكسجين. إذ ما سلمت ذرة أخرى جزيء مشحونا سلبا و عادة ما يتم ذلك بتقاسم الأكسجين، عندها يتعلق الأمر بعملية **التأكسد**. هكذا تتحول الذرة أو الموليكيل (molécule) المتضرّرة بدورها إلى واحدة من الجذريات التي تسعى إلى

اختلاس الجزيء المشحون سلبا الناقص من ذرة أخرى، حينها تنشأ سلسلة من التفاعلات الخطيرة. بهذا الشكل قد تتحطم مواد ذي أهميّة حيوية كالفيتامينات والأدرينالين وتتضرر خلايا الجسم. كما يمكن أن يلحق الضرر بالمخزون الجيني والحيوانات المنوية كما قد تتعرض الخلايا العصبيّة وخلايا العين إلى الزوال و قد يتعزز نشوء التهابات. إزاء هذه الاستتباعات العديدة الخطيرة تعتبر الجذريات المحضة عاملا أساسيا في نشوء مظاهر التهرّم المبكر وأضرار في البشرة وأمراض القلب والدورة الدموية ونشوء مرض السّرطان.

يطلق اسم **الحوامض الدّهنية المشبعة** والتي توجد أساسا في الدهنيات الحيوانية على تلك الحوامض الدهنية التي تحتوي على أكبر عدد ممكن من ذرات الهيدروجين في حين تحتوي **الحوامض الدهنية غير المشبعة** على عدد أقل من ذرات الهيدروجين. تكون الحوامض الدهنية المفردة غير المشبعة منقوصة من زوج واحد من ذرات الهيدروجين في حين تكون الحوامض الدهنية المتعددة غير المشبعة منقوصة من أكثر من زوج واحد.

تعتبر مضادات التأكسد أو متلقطي الجذريات مواد سهلة التأكسد وتتولى مهمة التقاط تلك الجذريات وجعلها متوازنة حيث تمنحها ببساطة تلك الجزئية المشحونة سلبا التي تنقص هذه الجذريات. إنها تحمي الإنسان من العديد من الأضرار الممكنة التي تتسبب فيها هذه الجذريات (التهرّم المبكّر، وضعف المناعة و مرض السّرطان). يمكن رصد مفعول مضادات التأكسد عندما تضفي مثلا البعض من عصير الليمون (فيتامين C) على قطعة من التفاح حينها لا نلاحظ أي تغير في لون الثمار في اتجاه اللون البني. يقوم الفيتامين بحماية خلايا الثمار من الزوال لفترة ما. تعد العديد من هذه الجزيئات (موليكيل) الحيوية معروفة كـ فيتامين C وفيتامين E، وكاروتينويد و Q10. ينتج جسم الإنسان بعض هذه المضادات للتأكسد، في حين يجب تناول البعض الأخر عن طريق الغذاء.

يعد زيت الزيتون البكر الرفيع غنيا بمضادات التأكسد. لا يساعد القدر الكثيف الذي يحتويها من فيتامين E على الوقاية من أمراض القلب والدورة الدموية فحسب، بل هو يحمي كذلك العديد من المواد الحيوية من التأكسد. يشكل الكروتينويد (caroténoïde) شكلا من أشكال الفيتامينA الذي نجده في الغلال والخضروات، في حين يمثل بتكاروتين (beta-carotène) والذي يوجد في زيت الزيتون البكر الرفيع بشكل وافر الشكل الأولي للفيتامين A. بفضل النسبة المرتفعة من الحوامض الدهنية المفردة غير المشبعة التي يحتويها يحول زيت الزيتون البكر الرفيع دون تأكسد

كولسترول LDL حيث تعمد الحوامض الدهنية المفردة غير المشبعة إلى استيعاب مادة LDL ونقلها إلى الكبد، حيث يتم التخلص من هذه المادة. إن تحول كولسترول LDL الضار نحو التأكسد هو الذي يمكنه من الرسوب في جوانب الأغشية الدّاخلية لشرايين ومن ثمة التسبب مع مرور الوقت في تصلبها.

تتمتع مادة أوليوربين الكامنة في زيت الزيتون البكر الرفيع إلى جانب مفعولها المضادة للبكتيريا والفيروسات بخاصيّة فعّالة مضادة للتأكسد. مفعولها المضاد للتأكسد مفعول "الفلافنويد" المعروف (flavonoïde)، تلك المواد النباتية المسؤولة عن تلوّن أوراق الثمار والتي نجدها مثلا في سكر العنب و في قشرة ثمار القوارص.

أوليوربين

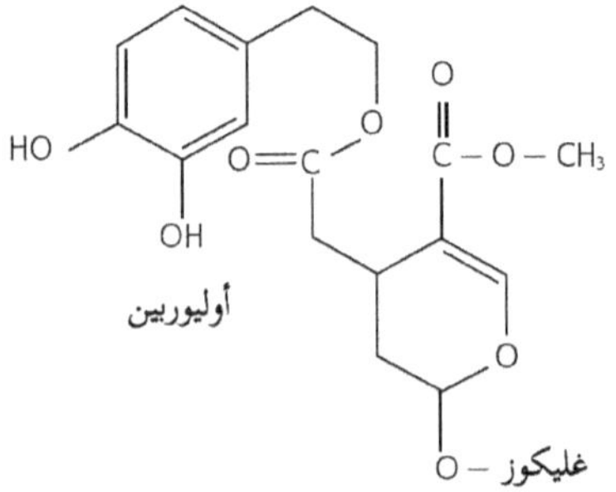

مواد المذاق والنكهة

للزيتون وزيت الزيتون البكر مذاق ونكهة جدّ مميزتان، و يتأتى على الأغلب هذا التمييز من أكثر من 70 تركيبة. الألدهيد و مواد هيدروجين الكربون الآليفية و المعطرة و الكحول و الكيتون (cétone) و إستر (ester) إلى جانب مشتقات الفوران و التيوتاربان، كلها تساهم في ذلك المذاق و تلك النكهة الرائقتين لزيت الزيتون البكر إلا أن لهذه المواد المرتبطة بالمذاق والنكهة منافع أخرى هامة. تتمتع أوراق وثمار شجرة الزيتون بمناعة طبيعية ضد المكروبات والحشرات. أحد مصادر هذه المناعة تكمن في المفعول المضاد للمكروبات الصادرة عن مواد النكهة. لأغلب التركيبات مفعول مضاد للمكروبات، مثل :

Staphylococcus aureus, Streptococcus mutans, Escherichia coli, Candida albicans و *Aspergillus niger*.

حسب تقدير العلماء يحتوي زيت الزيتون البكر ما يقارب ألف مادة بيولوجية فعالة!

مواد هيدروجين الكربون

أهم مادة من مواد هيدروجين الكربون يحتويه زيت الزيتون البكر هو "السكوالين". تقدر نسبته في زيت الزيتون البكر الرفيع بحوالي 400 إلى 450 مغ في 100 غ. عادة ما تستعمل مادة "سكوالين" كمادة إضافية من طرف منتجي الأدوية والمواد الغذائية وعلف الحيوانات. تشكل مادة "سكوالين" مكونا أساسيا في مواد التجميل و ذلك كمادة حافظة للرطوبة أو مادة استحلاب. يشير العديد من العلماء إلى أن المفعول المضاد للأورام السرطانية الذي يتمتع به زيت الزيتون البكر مرده النسبة العالية من مادة "سكوالين" التي يحتويها هذا الزيت. تمّ إثبات هذا المفعول الوقائي لمادة "سكوالين" من خلال تجارب أجريت على الحيوانات.

سترول

يعتبر السترول من المكونات الأساسية لغشاء الخلايا ويتم استخراجه من النبات والحيوان. يعتبر الكولسترول أشهر أنواع السترين، و مصدره حيواني بحت. يعد زيت الزيتون البكر خاليا تماما من الكولسترول. تتراوح كميّة السترول الموجودة في 100 غ من زيت الزيتون البكر الرفيع ما بين 113 إلى265 مغ. يخفّض تناول كميات وافرة من السترين النباتي كولسترول الدمّ. يمكن ذلك من خفض نسبة كثافة LDL في الدمّ بنسبة تتراوح من 9 إلى 14 % دون أن يتعرض كولسترول HDL النافع إلى تأثير سلبي. أضحت التقارير الخاصة بتأثير السترين النباتي المضاد للأورام السرطانية في ازدياد. يجدر في هذا السّياق ذكر "فيتوسترول" وبالخصوص "بيتاسيتوسترول". تعد نتائج الأبحاث القليلة التي أنجزت في هذا الخصوص واعدة، يمكن لـ"فيتوسترول" أن يلعب دورا مؤثرا ضد الأورام في حالات سرطان البروستاتا وسرطان القولون وسرطان المعدة.

زيت الزيتون البكر الرفيع - ضروري لصحة الإنسان

لزيت الزيتون البكر الرفيع تأثيرات إيجابية على صحة الإنسان نذكر منها الآتي:

الدورة الدموية: يقي زيت الزيتون البكر الرفيع من تصلب الشرايين واستتباعاته، كما يحمي من ضغط الدم والجلطة القلبية وضعف الكلى ونزيف الدّماغ.
الجهاز الهضمي: تحسن المواد المرة واللاذعة الكامنة في زيت الزيتون البكر الرفيع وظائف المعدة و البنكرياس (غدد لعاب البطن) و المصير والكبد و مجاري المرارة و تقي من نشوء حصى فيها، كما لوحظ تأثير إيجابي على قرحة المعدة و قرحة أمعاء أصابع 12. كما لزيت الزيتون البكر الرفيع مفعول خفيف مسهل في حالات الإمساك.

البشرة: نظرا لاحتوائه قدرا عاليا من فيتامين E وما يتضمنه من مفعول مضاد للتأكسد يتمتّع زيت الزيتون البكر الرفيع بتأثير واقي و مقوّي للبشرة. يعد بالخصوص ملائما للوقاية و للحد من الأضرار الجلدية كالوقاية من التجاعيد الدائرية الناجمة عن الحمل و الحد من ظواهر تهرم البشرة.
نظام الغدد الصماء: يساهم زيت الزيتون البكر الرفيع في تحسين وظائف الجسم في تحويل المواد التي يتلقاها. كأحد مكونات النظام الغذائي الخاص بحوض البحر الأبيض المتوسط يمثل زيت الزيتون البكر الرفيع الطريقة الأفضل في الوقاية من مرض السّكري أو السيطرة عليه.
الهيكل العظمي: يذكي زيت الزيتون البكر الرفيع نمو العظام ويساعد على استيعاب الكالسيوم و معدنته. يلعب دورا هاما في مرحلة نمو الأطفال وفي الوقاية من هشاشة العظام.
مرض السّرطان: يقي زيت الزيتون البكر الرفيع بشكل تمّ اثباته من مختلف الأورام السرطانية كسرطان الثدي و البروستاتا و القولون والمعدة وسرطان الرئة و العنق وعضو التأنيث.
النشاط الإشعاعي: بعدما استنتج العلماء أن زيت الزيتون البكر الرفيع يدعم الحماية من الأضرار الناجمة عن الإشعاعات تم إدماجه في قائمة الأكل الذي يتناوله روّاد الفضاء.
تغذية الأطفال الصغار: يشبه زيت الزيتون البكر الرفيع تلك المادة الدهنية الطبيعية بامتياز من حيث تركيبته وطبيعته الملائمة إلى حد بعيد حليب الأم. نجد في حليب الأم حامض الزيت مثلا. لهذا الحامض دورا متميّزا في تشكل جدار الخلايا. كما لهذا الحامض دور في نمو العظام والدمّاغ والجهاز العصبي عند صغار الأطفال، لذلك تعمد الأمهات التونسيات دائما إلى إضافة بعض القطرات من زيت الزيتون البكر الرفيع إلى حساء رضيعهن (كحساء الحبوب والخضر المسحوقة واللحم والسمك). كما أنه من بالغ النفع أن تتناول الأم في فترة الرضاعة غذاء صحيّا تعتمد فيه على زيت الزيتون البكر الرفيع كمصدر أساسي لمادة الدهنيات.
التهرّم (الشيخوخة): إنه من المعروف أن مضادات التأكسد التي يحتويها زيت الزيتون البكر الرفيع بوفرة تلعب دورا جوهريا في مقاومة ظاهرة التهرّم المبكر و في رفع مؤشر الأمل في الحياة.

"الموجة الألمانية الجديدة":
رصد نسبة الدهنيات والإقبال على غذاء محدود الدهنيات!

أضحى منذ فترة يروّج من طرف وسائل الإعلام وصناديق التأمين على المرض وخبراء الصحة إلى نظام غذائي ذو محدودية قصوى للدهنيات. ما فتئت وكالات الإشهار تتناول هذا الموضوع باستمرار و بشغف كبير و أصبحنا نجد في رفوف المحلات أكثر فأكثر موادا غذائية خالية أو قليلة الدهنيات. إلاّ أن هذا التوجه يبدو مكلفا للمستهلك حيث فوائده الصحية ليست بالاستثنائية ولا تعد واعدة لأولئك الذين يرغبون في التخلص من ازدياد الوزن. لا شك أن الدهنيات تحتوي على عدد هائل من الوحدات الحرارية ويعتبر الاستهلاك غير المحكم للدهنيات إحدى الأسباب الرئيسية للعديد من أمراض "التحضّر" الخاصة بعصرنا الحديث. إلاّ أن هذا الموضوع يبقى أكثر تشعبا مما يُصوّر للمستهلك وعلينا رؤية الأشياء بنوع من التدقيق و التمييز. مثل ما تمت الإشارة إليه في

فصل "الكولسترول والحوامض الدهنية" من هذا الكتاب تعد الدهنيات ضرورية للغذاء الصحيّ وللعلميّة السليمة لتحوّل المواد داخل الجسم. يحتاج جسم الإنسان إلى تلك الطاقة العالية المتأتية من الدهنيات حتى يحافظ على وظائفه الحيوية. باعتبارها الحاملة لتلك الفيتامينات المذيبة للمادة الدهنية كفيتامين A و D و E و K تعد الدهنيات شيئا لا يمكن الاستغناء عنه، حيث لا يتسنى للجسم أن يستوعب تلك الفيتامينات إلا من خلال اقترانها بالدهنيات. تتكوّن المواد الدهنية والزيتون من ثلاثة أنواع من الحوامض الدهنية: الحوامض الدهنية المشبعة، الحوامض الدهنية المتعدّدة غير المشبعة و الحوامض الدهنية المفردة غير المشبعة. تختلف تركيبة هذه الحوامض الدهنية باختلاف نوع ونوعية المادة الدهنية أو الزيت.

للحوامض الدهنية المختلفة تأثيرات جدّ مختلفة على جسم الإنسان. تُأثر نوعية الدهنيات التي يتناولها المرء تأثيرا مباشرا و مؤكدا على مؤشر الكولسترول في الدم وعلى نسب HDL و LDL. تساعد الحوامض الدهنية المشبعة والتي توجد في المنتوجات الحيوانية على ارتفاع مستوى الكولسترول وقد تسبّب أمراض كارثية في مستوى القلب والدورة الدّمويّة. أما الحوامض الدهنية المتعددة غير المشبعة والتي نجدها أساسيا في الأسماك وغلال البحر وفي العديد من الزيوت النباتية فهي تخفّض فعلا مستوى الكولسترول لكن بدون تمييز كلي، فهي تخفّض فعلا من نسبة كولسترول LDL الضار والذي يعد سببا في نشوء صفائح في الأغشية الداخلية للسترين، إلا أن لها نفس التأثير السلبي على كولسترول HDL النافع. إنه ليعدّ تأثير محتوم باعتبار أن كولسترول HDL يبطل المفعول الضار لكولسترول LDL من خلال استيعابه له ونقله إلى الكبد مما يساعد على إزالة هذا الأخير بشكل طبيعي. أما الحوامض الدهنية المنفردة غير المشبعة فتخفض عكس ذلك من نسبة كولسترول LDL وتبقى في نفس الوقت على كولسترول HDL على نسبته الكاملة مما لا يخلّ بالمفعول الوقائي لهذا الأخير.

لئن يعدّ التناول الإضافي لزيت الزيتون البكر الرفيع وحده قادر على خفض ملحوظ لضغط الدم في إطار نمط غذاء عادي فإن الأمر لا يتعلّق في هذا السياق - كما هو الشأن عند تناول الدواء - بتناول كميّة أكبر من الزيت بشكل إضافي إلى الغذاء العادي. للحصول على تأثير إيجابي قدر الإمكان على الصحة وعلى الوزن من الضروري تعويض الدهنيات الحيوانية ابعد ما يكون بزيت الزيتون البكر الرفيع.

يقدر استهلاك الدهنيات اليومي في ألمانيا الاتحادية بمعدل 130غ الفرد الواحد. تعدّ كميات الاستهلاك في باقي البلدان الغربية متشابهة. تقدّر الكمية المنصوح بها بمعدّل يتراوح بين 65 و 80غ أي ما يعادل تقريبا 30 % من مجموع الوحدات الحرارية اليومي. لهذا يعتبر تخفيض نسبة الدهنيات إلى حدود 25 إلى 37 % من جملي الوحدات الحرارية التي يتم استهلاكها أمرا معقولا

ومحبذا. يجب أن يكون الهدف الأوّل في كل الحالات الخفض من الدهنيات غير الصحية والتي يكون بها نسبة عالية من الحوامض الدهنية المشبعة و المتعددة غير المشبعة كاللحوم ومشتقات الحليب وغلال البحر و السّمك و زيوت السّوجا والذرى وعباد الشمس وتعويض هذه الدهنيات بالمادة الدهنية الصحيّة الكامنة في زيت الزيتون البكر الرفيع ذو النسبة العالية من الحوامض الدهنية المفردة غير المشبعة. هنا يكمن الاختلاف المصيري بين هذا التوجه الغذائي و دعوة الاستغناء على الدهنيات التي تروّج من قبل كبار المنتجين.

نجد إحدى الأمثلة الدالة على ما سبق ذكره في الولايات المتحدة الأمريكية موطن اختصاصي التغذية و حبوب الفيتامين والحميات الغذائية. يُعدّ الأمريكيون عمليا مخترعي نمط العيش الصحي المتميّز بالمأكولات ذات الدهنيات المحدودة جدا والحميات الغذائية المتجددة والمثيرة إعلاميا. في الأثناء يوجد في الولايات المتحدة أعلى نسبة في الإصابة بمرض السرطان، كل 30 ثانية يموت شخص هناك بسبب مرض القلب والدورة الدموية. لم يوجد من قبل ذلك العدد الهائل من الأناس المصابين بمرض السمنة المذهلة قط كما يوجد اليوم في الولايات المتحدة. ترى هؤلاء المرضى يلجؤون مستنجدين من حمية غذائية إلى أخرى ومع ذلك ترى وزنهم في ازدياد مستمرّ.

يكون التأثير الايجابي لزيت الزيتون البكر الرفيع أنجع كلما استُعمل أكثر كبديل للدهنيات الأخرى المعتمدة في غذائنا اليومي!

حسب رأي العلماء الإثنى والأربعين ذائعي الصيت والذين شاركوا في المؤتمر الدولي حول نمط التغذية المتوسطية لسنة 2000 فإنه ليس من الضروري في إطار النمط الغذائي المتوسطي الحدّ من تناول الدهنيات إذا لم يتم تناول كما مفرطا من الوحدات الحرارية والاعتماد إلى حد بعيد على الدهنيات النباتية ذي النسبة المحدودة من الحوامض الدهنية المشبعة. تبيّن من خلال دراستين قام بها مركز البحوث والدراسات الصحية بكاليفورنيا أن تغيير نمط الغذاء من نمط غذائي غربي حافل باللحوم ومشتقات الحليب إلى نظام غذائي متوسطي، يشكل فيه زيت الزيتون البكر الرفيع المصدر الأساسي للدهنيات **لا** يؤدي إلى زيادة في الوزن حتى إن ازدادت كمية الدهنيات الجملية التي يتم تناولها. رغم ازدياد الاستهلاك الجملي للدهنيات، فإنه لم يُلاحظ أي ازدياد في الوزن عند المستهلكين. إذن يمكن للمرء أن يستمر في تناول أطباقه المفضلة بكل ارتياح شريطة العزوف على طريقة الطهي المألوفة المليئة بالدهنيات المضرّة، والاعتماد عوض ذلك على زيت الزيتون البكر في تحضير وتهذيب تلك الأطباق.

أربع أسابيع من اعتماد نوعيّة غذاء طبقا للنمط متوسطي كفيلة بتغير مؤشرات الدم بشكل ملموس: يلاحظ انخفاض في النسبة الجملية للكولسترول ونسبة LDL.

التغذية المتوسطية

لا تتعلق مسألة التغذية الصحية بأمور الذوق و الميول الشخصي بل تم تحديدها بشكل ملزم للجميع من قبل جهة مؤهلة. خلال الندوة العالمية حول نمط التغذية المتوسطية في سنة 2000 أجمع المشاركون من أطباء وعلماء ذي صيت عالمي من جميع الاختصاصات على إعلان يبين مفهوم التغذية الصحية . يتطابق هذا المفهوم تماما مع نمط الّغذاء المتوسّطي.

لكن ماذا تعني التّغذية المتوسّطية؟ يطلق هذا المصطلح على العادات الغذائية التي كانت تتميّز بها بعض المناطق المتوسّطية في بداية الستينات من القرن الماضي. عمد علماء التغذية والأطباء إلى اختيار هذا الموقع الجغرافي و هذه الحقبة الزمنية للسبب التالي:

كانت تعد نسبة مؤشر الأمل في الحياة عند الكهول في المناطق المتوسطية في بداية الستينات من القرن العشرين هي الأعلى في العالم. رغم النقائص الكامنة في مجال الإحاطة الصحية كانت نسب الإصابة بأمراض القلب و الدورة الدموية و بعض أنواع السرطان و بعض الأمراض المزمنة الأخرى المرتبطة بالتغذية الأدنى في العالم

لقد أمكن من خلال العديد من الأبحاث الدولية إثبات العلاقة القائمة بين نمط التغذية السائد في بلدان حوض المتوسط التي لها ميزات مشتركة و النسب المتدنية في الإصابة بالأمراض المزمنة و ارتفاع مؤشر أمل الحياة عند الكهول.

شرع في سنة 1952 الباحثان الأمريكيان "آنسال" و "مارقرات كايس" مع مجموعة من علماء آخرين فيما يسمى بـ"**دراسة البلدان السبع**"، تمت في إطار هذا البحث دراسة ومتابعة و توثيق السلوك الغذائي و الحالة الصحية لـ 13 000 من أشخاص التجارب كانوا في بداية البحث في حالة صحية سليمة و تتراوح أعمارهم بين 40 و 59 عام. ينتمي أشخاص التجارب إلى سبعة بلدان هي: هولندا، فنلندا، يوغسلافيا السابقة، الولايات المتحدة الأمريكية، اليابان، إيطاليا و اليونان. و قد تمت متابعة و مقارنة سلوكهم الغذائي على مدى ثلاثين سنة. لقد تم على مدى هذه الفترة الطويلة توثيق الأكل اليومي للمشاركين و حالاتهم الصحية و الأمراض التي يعانون منها. كانت نسبة الوفايات و عدد حالات الوفاة الناتجة عن أمراض القلب و الدورة الدموية الأقل في كل البلدان التي يُعتمد فيها زيت الزيتون البكر كمصدر أساسي للدهنيات، على عكس ذلك كانت عدد الوفايات في تلك البلدان التي تعتمد فيها تغذية غنية بالدهنيات الحيوانية (حوامض دهنية مشبعة) الأعلى. اعتمادا على نتائج هذه

الدراسة تسنى إثبات أن نمط التغذية في اليونان وإيطاليا و التي سميت فيما بعد ب"الحمية الغذائية المتوسطية" حيث يوفّر فيها زيت الزيتون البكر ما يقارب 40 % من حاجة الإنسان من الوحدات الحرارية و تقي من أمراض القلب و الدورة الدموية و ترفع من مؤشر أمل الحياة.
في دراسة أخرى تلك التي تسمى **"دراسة ليون"** تم تقسيم 600 شخص مهدّد بخطر الجلطة القلبية إلى مجموعتين. اتبع الفريق الأول على مدى 5 سنوات نمطا غذائيا كذلك الذي يعتمد في جزيرة كريتيا (الحمية الغذائية المتوسطية) في حين حافظ الفريق الثاني على نظامه الغذائي المألوف. لوحظ بعد انقضاء شهرين عند الفريق الأول تشكل مفعول وقائي و تحسن المؤشرات الطبية بشكل واضح. أضحى الفرق بين المجموعتين بعد انقضاء سنتين شاسعا إلى حد أدى إلى إنهاء هذه الدراسة قبل الأوان و ذلك لأسباب أخلاقية. كانت نسبة الوفايات في فريق كريتا أقل من تلك التي كانت في الفريق الآخر وذلك بنسبة 70 %، كما أنه لم تسجل أيّ حالة وفاة مباغتة ناجمة عن تعطل القلب في الفريق الأول. فسّر ذلك في المقام الأول على انه نتيجة التأثير الوقائي للمواد العديدة التي يحتويها زيت الزيتون البكر و المكونات الأساسية التي يتضمنها النظام الغذائي المتوسطي.
أثبت الباحثون في **دراسة** أنجزت في **"هافارد"** سنة 2007 أن نمط الغذاء المتوسطي المعتمد أساسا على نسبة وافرة من الغلال و الخضروات و السمك و المتخذ من زيت الزيتون البكر المصدر الرئيسي للدهنيات، و يحد بنسبة 50 % من خطر الإصابة بمرض الرئتين المزمن (Chronic obstructive pulmonary disease COPD) مرة أخرى. يصاب المدخنون على وجه الخصوص بهذا المرض و الذي يعد خامس عامل وفاة في العالم. النمط الغذائي المعتمد على نسبة عالية من زيوت الحبوب المصفى و اللحم المدخن و اللحوم الحمراء و البطاطا المقلية و الحلويات تزيد من خطر الإصابة بمرض COPD بنسبة 356 %.

بعض الأمراض المزمنة كأمراض القلب و الدورة الدموية و مرض السكري و ارتفاع ضغط الدم و البدانة و السرطان، تنشأ بسبب الأرضية المهيأة جنيا. إلا أنه يمكن لكل واحد منا أن يجابه هذا الخطر الداهم بفاعلية من خلال سلوكه الغذائي.
أصدرت قبل أعوام مجموعة من الخبراء وثيقة إجماع كتوصية للإتحاد الأوروبي مفادها: "إن القرائن العلمية أضحت كافية لتبرير الحملات التي تهدف إلى توعية السياسيين و الحكومات و مكاتب الصحة و الأطباء و وسائل الإعلام و خبراء الصحة و منتدبي السلع الغذائية و المدارس و الرأي العام بأن لزيت الزيتون البكر و لمبادئ التغذية المتوسطية مزايا كبرى للتغذية داخل بلدان الإتحاد الأوروبي. هناك إجماع حول دور التغذية المتوسطية المعتمد على زيت الزيتون البكر كمصدر أساسي للدهنيات في الحد من أمراض الشرايين القلبية و اختلال تحول الدهنيات و مرض ضغط الدم و السكري و البدانة و من ثمة الحد من أسباب الإصابة بمرض القلب. فضلا عن ذلك يسود إجماع حول دور نمط الغذاء في الوقاية من عديد الأمراض السرطانية المختلفة."

يمكن اعتبار طريقة التغذية المتوسطية التقليدية عموما على الشكل التالي:

- الإعتماد اليومي على زيت الزيتون البكر الرفيع العالي الجودة كمصدر رئيسي للدهنيات
- التناول اليومي بالقدر الكافي لمواد طازجة في شكل السلاطة و الغلال الطازجة
- التناول اليومي لجملة من الخضروات المطهية بشكل لا يذهب فوائدها
- تناول البروتين في شكل الخبز و مشتقات الحبوب الأخرى و البطاطا و البقول و الفواكه الجافة و الجوز و البذور
- تناول إلى حدود 4 بيضات في الأسبوع
- تناول محدود من البروتينات الحيوانية، ما يعني كميات ضئيلة إلى محدودة من السمك و الدواجن
- كميات ضئيلة من اللحوم الحمراء
- الإقبال على مواد غذائية طازجة موسمية و محلية مُحوّلة بشكل محدود
- اعتماد الغلال الطازجة كتحلية و في بعض الأحيان بعض الأطباق الحلوى المتضمنة للسكر أو العسل
- التناول اليومي لكميات ضئيلة إلى محدودة من مشتقات الحليب كالجبن ولبن الرائب بدرجة أولى
- الاستعمال المنتظم للحشائش الخضراء و التوابل و الثوم و البذور
- في بعض مناطق حوض المتوسط تستهلك كميات ضئيلة إلى محدودة من النبيذ و التي عادة ما يتم تناولها أثناء الطعام*

* يجب هنا الإشارة إلى استثناء: لا يشرب الأغلبية المسلمة من سكان تونس و المغرب و لبنان و سوريا الكحول و ذلك لأسباب دينية. نظرا للتأثيرات الصحية و الإجتماعية المنجرة عن التناول المفرط و اللامسؤول للكحول و إزاء تنامي خطر الإصابة بعديد أنواع السرطان الناجم عن الإفراط في تناول الكحول، يُنصح بعض الأشخاص بالإبتعاد عن تناول الكحول بشكل كامل. انه من الخطأ الإقبال على تناول كأس واحد من الخمر يوميا و اعتماد ذلك ركيزة لنمط حياة صحي فالمفعول الإيجابي للخمر يتأتى أساسا من مواد الفينول و مواد أخرى غير كحولية و التي لها مفعول مضاد للتأكسد. توجد هذه المواد ذاتها في مواد غذائية و مشروبات غير كحولية. ليس هناك شك في أن لزيت الزيتون دور أكثر إيجابية على صحة الإنسان من الخمر نظرا لوفرة ما يحتويها من مواد مضادة للتأكسد، لذلك يتعين على المرء أن يتناول الخمر باعتدال، ليس لأنه مفيد لصحة الإنسان كما يزعم، بل لأنه لذيذ المذاق.

نظرا للفوارق الثقافية و التقاليد الموجودة في جنوب فرنسا و إيطاليا و لبنان و المغرب و البرتغال واسبانيا و سوريا و تونس و تركيا و المناطق الأخرى الواقعة على حوض المتوسط نجد نوعيات مختلفة من التغذية المتوسطية. إلا أنه رغم ذلك فإن كل أنماط التغذية التقليدية المحلية تتميز ببنية مشتركة أشرنا إليها أعلاه و تركيبة غذائية كالآتي:

- كم ضئيل من المحتويات غير المرغوب فيها: نسبة قليلة من الحوامض الدهنية المشبعة و كم محدود من الحوامض الحاملة للدهنيات و نسبة ضئيلة من مادة الكولسترول و البورين و نسبة محدودة من الملح و السكر

- قسط عالي من المحتويات المرغوب فيها من الناحية الغذائية الفيزيولوجية: نسبة عالية من هيدرات الكربون (المائيات الكربونية) المركبة و من المواد الثقيلة و من الحوامض الدهنية المفردة غير المشبعة
- نسبة كافية من الحوامض الدهنية أوميقا 3 \ حوامض اللينولان (زيت الزيتون البكر، الأسماك، البذور، الفواكه الجافة)
- الإقبال على الفيتامينات و المواد المعدنية
- الإقبال على المواد النباتية الثانوية الطبيعية (مضادات طبيعية للتأكسد)

في المحصلة يمكن استنتاج ان طريقة التغذية التي أتينا على وصفها مرتبطة ارتباطا وثيقا بالعادات الغذائية التقليدية الموجودة في مناطق غراسات الزيتون الكلاسيكية الواقعة في حوض المتوسط.

يبين الهرم الغذائي التالي المواد الغذائية الأساسية التي تتكون منها مبدئيا التغذية المتوسطية. بالاستعانة بهذا الهرم يمكن استساغ هذه الطريقة ببساطة و يمكن للمرء أن يغير بدون إشكال عاداته الغذائية أو يلائمها طبقا لهذه المبادئ الأساسية :

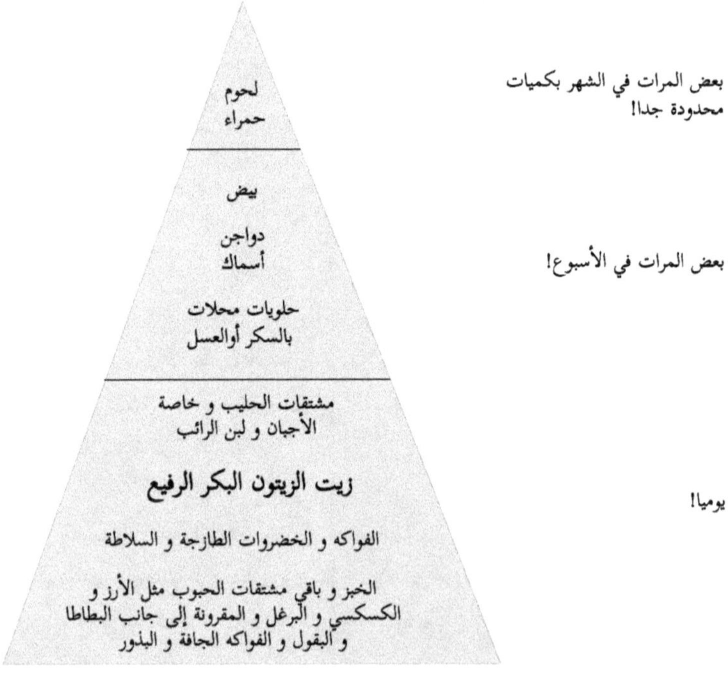

لحوم حمراء	بعض المرات في الشهر بكميات محدودة جدا!
بيض دواجن أسماك حلويات محلات بالسكر أوالعسل	بعض المرات في الأسبوع!
مشتقات الحليب و خاصة الأجبان و لبن الرائب **زيت الزيتون البكر الرفيع** الفواكه و الخضروات الطازجة و السلاطة الخبز و باقي مشتقات الحبوب مثل الأرز و الكسكسي و البرغل و المقرونة إلى جانب البطاطا و البقول و الفواكه الجافة و البذور	يوميا!

أوراق الزيتون و مفعولها العلاجي

لازال يعرف كبار السن من سكان تونس المفعول الصحي الكامن في أوراق الزيتون. لازالوا إلى اليوم يعالجون بواسطتها مختلف الأمراض كالتعفن و الحمى و الأوجاع. لقد نصحتني حماتي بعلك أوراق الزيتون لمداواة التهاب خفيف للثة. ورد في القرآن ذكر مستخلص أوراق الزيتون كعلاج للحروق. و حتى في شمال أوروبا كان المفعول العلاجي لأوراق الزيتون و مشتقاتها معروفا. منذ أمد كانت مثلا المداوية البندكتية "هيلدغارد فون بنغن" (1098 - 1179) تقدم شايا مستخرجا من قشرة شجرة الزيتون كدواء ضد داء المفاصل. كانت تعالج مغص المعدة و مشاكل الهضم بواسطة شاي أوراق الزيتون. كان أطباء الجروح التابعين للجيش الإسباني و الفرنسي في القرن 19 يعالجون جنودهم المصابين بالحمى بواسطة شاي أوراق الزيتون. نظرا لأن الملاريا تكون مصحوبة بالحمى كان الانكليز على وجه الخصوص يستعملون كذلك هذا الشاي لمرضاهم المصابين بالملاريا العائدين من المستعمرات.

تسنى في مطلع القرن 20 عزل مادة مرة من أوراق الزيتون تم تسميتها فيما بعد بـ **"أوليوربين" (Oleuropein)**. توجد هذه المادة في كل جزء من شجرة الزيتون و تعتبر مسؤولة عن قدرة المقاومة العالية و المتانة و المناعة التي تتمتع بها هذه الشجرة. من خلال البحوث العلمية المنهجية الخاصة بأوراق الزيتون تم إثبات مفعول مكوناتها المضاد **للفيروسات و البكتيريا**.

للشاي المستخرج من أوراق الزيتون كما للحبات المشتقة من مركزها تأثير إيجابي على أمراض القلب و الدورة الدموية كما أتينا على وصفه بالتفصيل في تبياننا لمفعول زيت الزيتون البكر. بفضل الرفع من مرونة جدران الشرايين و التي بدورها تساعد على تحسين تدفق الدم، يتم التصدي لتصلب الشرايين و انعكاساتها الواردة مثل ارتفاع ضغط الدم و الجلطة القلبية.

خاصة في السنوات العشرين الأخيرة تزايدت التقارير المختصة و الخاصة بمفعول أوراق الزيتون المخفض لسكر الدم خاصة عند مرضى السكري من الصنف الثاني و الذي يصطلح عليهم بمرضى السكري المسنين و الناجم عن البدانة و التغذية غير الصحية كما عند مرض السكري من الصنف الأول الناجم عن نقص في مادة الأنسولين، يمكن تخفيض سكر الدم و من ثمة الكمية اليومية اللازمة من الأنسولين من خلال التناول المنتظم لشاي أوراق الزيتون أو تناول مستخلصاتها.

تنتشر أمراض الفطريات وأمراض طفح البشرة بشكل سريع حيث تُضعف جهاز المناعة و تلقى هذه الفطريات و فيروسات الطفح الجلدي ظروف ملائمة للتكاثر. حتى هذه الأمراض يمكن معالجتها بدون أي مضاعفات جانبية بواسطة شاي أوراق الزيتون و مشتقاتها و ذلك لما لها من مفعول مقوي لجهاز المناعة و مفعول مضاد للتعفّنات المتأتية من الفيروسات و البكتيريا و الريتروفيروسات

و الفطريات و الطفيليات. لنفس السبب يتعين تناول شاي أوراق الزيتون كوقاية و علاج من نزلات البرد الشتوية و الزكام الخفيف.

الكثير من مستعملي شاي أوراق الزيتون يشعرون بارتياح مباشرة بعد خضوعهم لمداواة دامت لأسابيع. يتحدثون عن دفعة من الطاقة كما لو أوقظت شحون الطاقة الساكنة بداخلهم أو ارتفعت درجتها. لذلك ينصح الأشخاص من ذوي الحساسية بعدم تناول شاي أوراق الزيتون في آخر النهار إذ قد يؤدي ذلك إلى اضطرابات في النوم.

يمكن في شمال أوروبا اقتناء أوراق الزيتون الجافة، إلا أنه نظرا لحساسية بعض المحتويات الكامنة فيها يتعين قدر الإمكان اعتماد أوراق الزيتون الخضراء. يمكن اقتناء أوراق الزيتون الخضراء من محلات بيع التوابل و الحشائش وفي محلات بيع الشاي، كما يمكن اقتناءها عبر الأنترنات و اقتناء مشتقاتها من الصيدليات أو عبر الأنترنات و على المقتني لهذه المواد الإلتزام بالمقادير التي يشير لها المنتج، باعتبار أن مقدار تناول هذه المواد مرتبطة بالمواد المكونة للمنتوج و مقاديرها، كما هو مرتبط بالمتناول نفسه و نوعية مرضه.

تحضير شاي أوراق الزيتون:

يعتبر تحضير شاي أوراق الزيتون عملية سهلة. يتناول المرء مقدار ملعقتي شاي من أوراق الزيتون أو الجافة و يسكب عليها 250 مل من ماء في طور الغليان. يترك الشاي لمدة تتراوح بين 10 و 20 دق حتى ينقع، ثم يتم تصفيته. يمكن إضافة بعض من العسل حسب الأذواق. يُشرب هذا الشاي كل يوم في أول المساء بشكل منتظم على مدى 3 أسابيع. هناك طريقة أخرى لتحضير شاي أوراق الزيتون التي ينصح بها مدارس "براسلسوس" كوسيلة ضد الإرهاق و الآلام المرافقة لسن اليأس. تعتمد هذه الوصفة على طهي 20 غ من أوراق الزيتون في لتر واحد من الماء إلى حد أن تتقلص كمية هذا الماء إلى حدود 250 مل. يشرب هذا الشاي على فترات متفرقة من اليوم و ذلك على مدى أسبوع.

يتلاشى الطعم المر لشاي أوراق الزيتون من خلال تحليته بشيء من العسل.

هناك طريقة أبسط لتحضير شاي أوراق الزيتون و يصطلح عليها بالاستخلاص البارد. تُترك كمية 20 إلى 40 غ من أوراق الزيتون في لتر من الماء البارد ليلة كاملة حتى يتقشف. يسخّن هذا الماء في صباح اليوم التالي. ثم تتم عملية تصفية هذا الشاي و يتناول أثناء اليوم على فترات متفرقة و ذلك لمدة 3 أسابيع، يكون بعدها توقف لمدة أسبوع لإعادة العملية برمتها من جديد.

الطريقة التونسية في عشق زيت الزيتون البكر

لم يمكن تصور الطبخ التونسي المتوسطي بدون زيت الزيتون البكر. كل الأطباق الممكنة يتم تهذيبها بهذا الزيت و ليس هناك أبسط من بدأ النهار بزيت الزيتون البكر الرفيع. يسكب الزيت في صحن ويغمس الخبز فيه. يمكن إضافة العسل و تعد هذه الطريقة ³ألذ حيث يلتقي المذاق الحلو بالمذاق المر الأخضر. إنه خليط متميز اللذة و إنه من الجدير تجربته. يستعمل التونسيون كذلك الزيتون لتحضير «السندويتش“ حيث يطلى الخبز بالزيت كما يطلى الخبز بالزبد في بلدان أخرى. حتّى يُصبح الخبز الذي يتم خبزه في المنزل طريا تقوم النساء التونسيات بخلط عجينه بكمية وافرة من زيت الزيتون البكر الرفيع ذي الحرارة الدافئة. يتم تقديم الهريسة و هي عبارة عن معجون مستخرج من الفلفل الأحمر الحار في صحن تسكب عليه زيت الزيتون البكر الرفيع وتزين حسب الأذواق بشيء من التن و الزيتون. بنفس الطريقة يتم التعامل مع قطع البصل الصغيرة أو الثوم المشوي. هكذا نتحصل على أشكال متعددة أخرى من الأطباق الإضافية اللذيذة التي لا يتطلب تحضيرها وقتا طويلا. كما يشكل زيت الزيتون البكر الرفيع مادة مثالية لتهذيب جميع أنواع السلطات. إضافة إلى ذلك يفضل الكثير سكب البعض منه على السمك المشوي أو استعماله للمقر. كما لابدّ أن نشير إلى أن إضافة بعض القطرات من زيت الزيتون البكر الممتاز إلى غذاء الرضيع يهذّبه و يحسن من جودته.

كانت هذه بعض الأمثلة لطرق استعمال زيت الزيتون البكر الرفيع الطازج في تونس . أما بخصوص الطهي فانه لا يمكن تخيل الطبخ التونسي بدون زيت الزيتون البكر الرفيع. فيجب مثلا طهي طبخ الكسكسي التقليدي بكميات وافرة من هذا الزيت. كما ينسحب ذلك على العديد من أنواع الحساء المختلفة و اللحم و الأسماك المعدة بواسطة الفرن التي قد تفقد الكثير من نكهتها إن لم يتم طهيها بهذا الزيت. لا يجب ادخار الكمية المعتمدة في هذا الصدد حيث تشكل الدهنيات في النهاية حامل المذاق للمأكولات اللذيذة. أخيرا يجب الإشارة إلى أن زيت الزيتون البكر يعد مناسبا جدا لعملية القلي و الصلي باعتبارها المادة الدهنية ذات أعلى درجة غليان بالمقارنة مع سائر الدهنيات النباتية و الحيوانية.

يشكل زيت الزيتون البكر إلى جانب الخبز بدون أدنى شك المادة الغذائية الأُساسية التي قل ما

يمكن للتونسيين الاستغناء عنها. لكن يلقى زيت الزيتون البكر الرفيع إلى جانب توظيفه في المطبخ لطهي المأكولات أشكالاً أخرى متعددة للاستعمال. حيث نشأت في الأزمنة التي لم تكن تعرف فيها الثلاجة أنواع من الطبخ و الأكل لا تزال موجودة إلى يومنا هذا. كما هو الشأن في السابق لا يزال يستعمل زيت الزيتون لغرض حفظ المواد الغذائية. بهذه الطريقة يتم حفظ الزيتون والهريسة و اللحم المجفّف ("القديد") و حتى مسحوق الفلفل وعديد الأشياء الأخرى.

هذه هي المواد الغذائية الأساسية للعديد من التونسيين: الخبز الكامل و الزيتون و زيت الزيتون البكر الرفيع.

كما يلقى زيت الزيتون البكر في شكله الطبيعي الأصلي أوجه متنوعة للاستعمال في مجال العناية بالجسم والمداواة. لا زال العديد من الأمهات التونسيات إلى حد اليوم ينظفن رضيعهن في الأشهر الأولى بواسطة زيت الزيتون البكر فقط. كما أنه من المألوف جدّا طلاء الشعر بزيت الزيتون البكر دون غسله لاحقا حيث تساهم هذه العملية في تغذية الشعر و جعله ناعما كما تحميه من الشمس و من فقدانه للبريق و لتجففه. و يتسنى من خلال هذه العملية ربط الشعر الإفريقي المتجعّد. يوفّر خلط زيت الزيتون البكر الرفيع مع بعض من عصير الليمون مادة منزلية سريعة لمجابهة الزكام و السعال.

يتم حفظ الزيتون و مسحوق الفلفل و الهريسة إلى جانب اللحم المجفف («القديد») و التن بواسطة زيت الزيتون البكر.

استعمال زيت الزيتون في مجال المداواة والتجميل
وصفات خاصة بالرعاية الصحية

بيّنا بالتفصيل التأثير الإيجابي لتغذية يُعتمد فيها زيت الزيتون البكر كمصدر أول للدهنيات في فصل "ليس مادة غذائية فحسب" من هذا الكتاب. بدون شك يشكل توظيف الزيت في مجال الطبخ الاستعمال الأكثر تداولا. إضافة إلى ذلك يوجد عديد الطرق للاستعمال الباطني و الخارجي التي من شأنها أن تنقل الفاعلية الطبيعية لهذا الزيت على حالات الأوجاع و السقم و الجروح الخفيفة. يتشكل زيت الزيتون البكر الممتاز من حوالي 1000 مادة فاعلة لا تزال دراسة العديد منها حديثة العهد. إلا أن العديد من المواد تم فحصها بشكل منهجي علمي و إثبات تأثيراتها الإيجابية علي صحة الإنسان بشكل واضح من خلال عديد الدراسات العلمية. كانت تشكل قشرة الزياتين إلى جانب أزهارها و أوراقها في العصر القديم وسيلة مداواة ضد القروح و التعفنات و التهابات الأصابع المتقيحة فضلا عن ذلك كانت تُعتبر أزهار الزيتون ذي مفعولٍ مخفضٍ للحمى.

نعرض في هذا الفصل الاستعمالات والخلطات التونسية المأثورة المعتمدة على زيت الزيتون البكر الرفيع و التي تم إثبات فاعليتها - خاصة لاحتوائه لزيت الزيتون - علميا مع ذلك يجب الإشارة إلى أن الأمر يتعلق في هذا الإطار فقط بنصائح عامة فيما يخص أمثلة الاستعمال و أنه من الضروري اللجوء إلى الطبيب في حالات المشاكل الصحية العويصة حتى يتسنى تشخيصها تشخيصا دقيقا.

> تعد جودة زيت الزيتون البكر في إطار الوصفات التالية بالغة الأهمية! كلما كانت هذه الجودة أرفع كلما كانت المحتويات الفاعلة الكامنة فيه أكثر وفرة.

حتى نتحصل على أكبر تأثير فعال ممكن علينا اعتماد زيت زيتون بكر عالي الجودة كزيت الزيتون البكر الرفيع، بل من الأفضل إن أمكن اعتماد زيت زيتون بكر رفيع بيولوجي متحصل على مصادقة الجودة يكون طبيعيا خالصا من أي مواد ضارة.

زيت الخزامة: المادة الشاملة

يخفف زيت الخزامة المخلوط بزيت الزيتون البكر الرفيع من خلال استعمالها الخارجي من تنمّل البشرة، إذا ما تم مسد المكان المصاب مباشرة بهذا الزيت بعد الاستحمام. كما يفيد هذا الزيت

في حالات الحروق الخفيفة و ضربات الشمس. فضلا عن ذلك يمكن شرب هذا المستحضر المستخرج من أزهار الخزامة و ينصح بتناوله عند حالات الشقيقة و الدوخة إلى جانب التشنج المعدي. تسكب 5 إلى 6 قطرات من زيت الخزامة على قطعة صغيرة من السكر.

يستخرج زيت الخزامة على النحو التالي : تخلط في إناء من البلور الشفاف قبضة من أزهار الخزامة الغضة مع لتر من زيت الزيتون البكر الرفيع. يوضع هذا الإناء تحت أشعة الشمس الساطعة. يصفي الزيت بعناية بعد انقضاء 3 أيام. تضاف بعدها مباشرة إلى هذا الزيت حفنة من أزهار الخزامة الغضة ليوضع من جديد تحت أشعة الشمس الساطعة لمدة ثلاثة أيام أخرى. تعاد هذه العملية بضع المرات (في المجموع 4 إلى 5 مرات) إلى أن يتخذ الزيت رائحة الخزامة بشكل نافذ، عندها يتم تصفيته مرة أخرى بمنتهى العناية و الإتقان حيث تتسبب كل أنواع الرواسب من مدة صلاحيته. في النهاية يتم تعبئة زيت الخزامة في قارورة داكنة مغلقة و تحفظ في مكان منخفض الحرارة.

التهاب المفاصل

يكون التهاب المفاصل مقترنا بأوجاع في مستوى المفاصل التي تصبح محمرة وحساسة و منتفخة و ساخنة. للحدة من وطأة الأوجاع يمكن تحضير جبلة من أوراق القرع بسهولة. تعجن أوراق القرع و تُخلط مع زيت الزيتون البكر الممتاز إلى أن تصبح كتلة متجانسة. تدلك المفاصل المؤلمة بهذا المعجون برفق.

أكزيمة البشرة و تشققها

لقد أثبت وضع البعض من أوراق الكرنب المنقوعة في زيت الزيتون البكر الممتاز على مواقع البشرة الملتهبة المحمرة و الجافة المشققة كما على الكدمات فاعلية عالية. تُنقع أوراق الكرنب النظيفة في زيت الزيتون البكر الرفيع لمدة نصف ساعة تقريبا حتى تمتص الزيت و تصبح ناعمة. توضع بعدها بعض الأوراق على الأماكن المتضررة و تشد بقطعة من القماش أو بضمادة لمدة 3 ساعات حتى تعطي مفعولا.

الزكام و السعال

تعد الوصفة التالية وصفة منزلية تونسية ثابتة المفعول ضد الزكام الخفيف و السعال و لاتزال تعتمد هذه الوصفة إلى حد اليوم في تونس و سيتواصل حتما توارثها جيل عن جيل. يتم مزج زيت الزيتون البكر الرفيع بالتوازي مع عصير الليمون الطازج أو حسب الإمكان مع عصير "البلدي" التونسي (غلة من صنف القوارص صغيرة و كروية الشكل). يشرب هذا الخليط على الأقل في الصباح و المساء

أو من الأفضل على فترات متفرقة من النهار.

حمام للأقدام المتعبة

بعد الوقوف كامل النهار حيث تصبح الأقدام ساخنة و منتفخة، نلجأ هذه الوصفة التي تساعد على التخفيف من تعب الأقدام. يتم خلط مقدار ملعقة أكل من زيت الزيتون البكر الرفيع و 5 قطرات من زيت المرْيميّة العطري و زيت الليمون العطري وزيت السّرْو العطري. يضاف إلى هذا الخليط مباشرة مقدار ملعقة أكل من مسحوق الحليب أو كأس من الحليب الكامل ثم يسكب هذا الخليط في حوض مليء بالماء الدافئ تكون حرارته في حدود 35 درجة. تغطس الأقدام في هذا الخليط لمدة 15 إلى 20 دقيقة.

أوجاع المفاصل

لقد أثبت ذلك المواقع الموجعة بزيت الخزامة المعتمد على زيت الزيتون فاعليته ضد أوجاع المفاصل. لاستخراج هذا الزيت تنقع 40 غ من أزهار الخزامة المجففة في لتر من زيت الزيتون البكر الممتاز، يترك هذا الخليط 3 أيام حسب ظروف الطقس عرضة لأشعة الشمس أو على سخان لكي يتقشف. على إثرها يتم تصفية الزيت بالكامل و يوضع في قارورة داكنة مغلقة.

نوبات داء المفاصل

زيت نواة الصنوبر: يخلط مقدار ملعقة أكل من الزيت الزيتون البكر الممتاز مع 10 قطرات من زيت نواة الصنوبر العطري. تدلك المفاصل الموجعة و المنتفخة بهذا الخليط بعناية.

زيت البابونج: توضع 60 غ من أزهار البابونج المجففة في نصف لتر من زيت الزيتون البكر الرفيع. يترك الخليط تحت أشعة الشمس لمدة 4 أيام حتى يتقشف، و لتقليص مدة الاستخراج يوضع في حوض من الماء الدافئ لمدة ساعتين. يصفى على إثرها الخليط بعناية و إتقان و يعبأ في قارورة مغلقة. تدلك المفاصل الموجعة و المنتفخة بهذا الخليط بعناية .

التهاب اللثة

إذا ما كان المرء يشتكي من التهاب في مستوى اللثة أو تهيجها، يتعين مسدها بزيت الزيتون البكر الرفيع بانتظام.

إذا ما توفرت أوراق الزيتون الخضراء فيمكن علك بعض الأوراق و الإبقاء على المضغة في الفم لوقت ما حتى تعطي مفعولا. على المرء تكرار هذه العملية بعض المرات قدر الإمكان في اليوم .

عيون الديك

تطبخ إثنين أو ثلاثة فصوص ثوم بقشورها في الفرن أو على المشوى إلى أن تصبح طرية. يتم تقشيرها مباشرة و تطمس بواسطة الشوكة و تخلط جيدا بمقدار ملعقة شاى من زيت الزيتون البكر الرفيع. يُطلى هذا المعجون على عيون الديك و تثبت بواسطة كمادة أو ضمادة لاصقة لمدة ساعات أو من الأحسن لكامل الليل حتى يعطي مفعولا.

لسعات الحشرات

تُخلط مقدار ملعقتي أكل من زيت الزيتون البكر الممتاز مع ابيض البيضة و يخفق جيدا ثم يطلى موقع وخز الحشرة. نلحظ تراجع الحاجة إلى الحك.

أوجاع الرأس و الشقيقة

من يشتكي من الصداع أو الشقيقة عليه دلك صدغيه بزيت الخزامة بحركات دائرية محدودة. هنا يمكن استعمال الزيت المستخرج من الخزامة اليانعة الوارد في الصفحة 110 من هذا الكتاب (المادة الشاملة) أو اعتماد الوصفة التالية:

تخلط 100 قطرة من زيت الخزامة العطري بمقدار 10 صل من زيت الزيتون البكر الرفيع.

مغص الكبد و حصى المرارة

ينعش زيت الزيتون البكر الرفيع عملية إفراز سائل المرارة دون أن يتسبب في ارتفاع نسبة الكولسترول في الدم و بذلك يسهل عمل الكبد.ُ ينصح أولئك الذين يشتكون من حساسية أو إرهاق الكبد (بعد أيام الأعياد مثلا) تناول ملعقة من زيت الزيتون البكر الرفيع قبل كل وجبة طعام.

في حالة الإصابة بحصى المرارة يجب تناول مقدار ملعقة أكل من زيت الزيتون البكر الرفيع كل صباح، و بالتحديد نصف ساعة قبل فطور الصباح أي حين تكون المعدة خاوية.

لمعالجة مغص الكبد المصحوب بالأوجاع يجب تناول مقدار كأس من زيت الزيتون البكر الرفيع على فترات متفرقة من اليوم في شكل جرعات صغيرة و الركون إلى الفراش على الجانب الأيمن من الجسم.

وجع و شد العضلات

زيت الياسمين: توضع 20 غ من أزهار الياسمين المجفف في لتر من زيت الزيتون البكر الرفيع لمدة 6 أسابيع ليتقشف. يخلط هذا الزيت أثناء هذه المدة مرتين إلى ثلاثة مرات في الأسبوع.

يصفى زيت الياسمين بعد انقضاء هذه الفترة بعناية و يعبأ في قارورة داكنة و مغلقة. يستعمل هذا الزيت حسب الحاجة من خلال طلاء موطن الوجع أو حسب الإمكان دلكها بشكل خفيف.

زيت الخزامة: تخلط 10 صل من زيت الزيتون البكر الرفيع جيدا بـ 50 قطرة من زيت الخزامة العطري. تدلك بزيت الخزامة مواطن الوجع برفق.

زيت الرند: تنقع 50 غ من أوراق الرند المجففة في نصف لتر من زيت الزيتون البكر الرفيع ثم يترك في مكان دافئ كحافة الشباك المشمسة مثلا. يجب ترك أوراق الرند مدة يومين على الأقل حتى تتقشف. بعدها يسخن هذا الخليط لمدة ساعتين في قدر من الماء ثم يصفى زيت الرند و يوضع في قارورة مغلقة. يعتبر هذا الزيت جيدا لدلك مواقع الوجع من العضلات.

التبول أثناء الليل

لظاهرة التبول أثناء الليل عند الأطفال أسباب مختلفة تختلف من طفل لآخر. إن العملية التالية بإمكانها الحد من هذه الظاهرة: يدلك الظهر في مستوى جهة الكلى بزيت الزيتون البكر الدافئ و ذلك في المساء قبل الذهاب إلى النوم. إلى جانب المنافع الموضوعية المتأتية من زيت الزيتون لهذه الوصفة تأثير إيجابي على نفسية الطفل، خاصة إذا ما وضحنا له أن هذه العملية تشكل الحل لمشكلته الصغيرة. إذا ما اعتقد الأم و الطفل اعتقادا جازما في فاعلية هذه الوصفة، فهذا من شأنه تقوية عزيمة الطفل و جعله يتقبل هذه "الدعامة" بشغف حتى يساعد نفسه بنفسه.

حصى الكلى و مغصها

غالبا ما تكون حصاة أو مجموعة من حصى الكلى سببا في مغصها. تسد هذه الحصى المجاري البوليّة و تسبب بسرعة في أوجاع لا تطاق. قد يساعد تناول مقدار ملعقة أكل من زيت الزيتون البكر الرفيع مرتين في اليوم بين وجبات الأكل على التخلص من حصى الكلى. يجب هنا الإشارة بشكل ملح إلى أن الأمر يتعلق في هذا الإطار بأجراء إضافي لدعم العلاج المألوف.

آلام الأذن

يعد زيت الزيتون البكر الرفيع وسيلة جد ملائمة لعلاج آلام الأذن. تُسكب يوميا ثلاث مرات بعض القطرات من زيت الزيتون الدافئ في داخل الأذن ثم تغلق هذه الأذن بصمام القطن.

الكدمات

عمليات التدليك: نجد في كتابات العالم القديم العديد من الوصفات الخاصة بزيت الزيتون البكر

كزيت تدليك عند حالات الكدمات و آلام العضلات. كان الناس ينسبون لهذا الزيت قوة علاجية فائقة. إنه من الجدير تجربة هذا العملية بشكل شخصي. تدلك و تفرك الأماكن المقصودة من الجسم بقوة بزيت الزيتون البكر الممتاز.

جبلة العسل: تخلط نصف لتر من زيت الزيتون البكر جيدا مع مقدار 250 غ من عسل النحل الجامد اليابس. يمكن تسخين هذا الخليط في قدر من الماء برفق للتحصل على جبلة قابلة للطلاء. يطلى المكان المقصود من الجسد بهذه الجبلة بالاستعانة برفادة.

أوراق الكرنب: تُنقع بعض أوراق الكرنب في زيت الزيتون البكر الرفيع لمدة نصف ساعة تقريبا لكي تتقشف. توضع بعدها أوراق الكرنب المبللة بالكامل على الكدمات و تثبت بضمادة من القماش لمدة ساعتين إلى ثلاث ساعات حتى تعطي مفعولا. يمكن تحقيق نتائج جيدة بفضل هذه الطريقة غير المألوفة من العلاج.

داء الخرع

يتعلق الأمر عند داء الخرع باختلال عملية تصلب المادة الأساسية للعظام التي تكون في طور النمو بسبب النقص في تناول الكلسيوم و الفسفاط. إن لم يكن لهذا النقص أسباب مرضية عميقة فإنه من اللازم تحضير أطباق السلاطة و أطباق أخرى قدر الإمكان بالاعتماد على زيت الزيتون البكر الرفيع، إضافة إلى ذلك يتعين على الأشخاص المصابين بهذا النقص (و هم في أغلبهم من الأطفال) تناول مقدار ملعقتي أكل من زيت الزيتون البكر الرفيع على الأقل و ذلك يوميا. ينصح الطبيب الفرنسي و مؤلف العديد من الكتب جون فالني (Jean Valnet) الأطفال المصابين بالخرع و الأطفال الذين يشتكون من فقر الدم بزيت الزيتون البكر الرفيع بانتظام.

داء الصدف

تُنقع 100 غ من أوراق حب الملوك الغضة في مقدار 20 صل من زيت الزيتون البكر الرفيع لمدة أسبوع حتى تتقشف. يصفى إثرها الزيت بكل عناية و يُوزع على أجزاء البشرة المصابة و تغطى بضمادة لمدة ساعة على الأقل حتى تعطي مفعولا.

ضعف الشهوة الجنسية

منذ قديم الزمان يعمل الإنسان على المحافظة على نشاطه الجنسي و تقويته. يوجد في الكثير من كتابات العالم القديم الطبية وصفات لهذا الغرض. تعتمد هذه التوجيهات - سوى إن كان طورها الإغريق أو الفينيقيون أو الرومان - في الغالب على زيت الزيتون البكر و يشع استعمالها في العديد

من مناطق حوض المتوسط إلى حد اليوم.

الحمّام المنعش: تعد هذه الطريقة أقل الوصفات تعقيدا: تضاف إلى مقدار ملعقة أكل من زيت الزيتون البكر الرفيع ملعقتي أكل من مسحوق الحليب أو كأسين من الحليب الكامل. تضاف إلى هذا الخليط 10 قطرات من زيت "الإيلانغ - ايلانغ" العطري و زيت الإكليل العطري. يسكب هذا الخليط في ماء حوض الاستحمام حيث يمكث المستحم مدة 20 دقيقة.

أوجاع المعدة و الحموضة المفرطة و انتفاخ البطن

من خلال الاستعمال المنتظم لزيت الزيتون البكر الرفيع في الطبخ يتجنب المرء نشوء آلام المعدة و فرط حموضتها و الشعور بانتفاخ البطن و ذلك نظرا لسهولة هضم هذا الزيت. إضافة إلى ذلك يساعد زيت الزيتون البكر الرفيع على التحول السريع للأكل إلى الأمعاء و يؤثر إيجابيا على عملية الهضم من خلال تنشيط إنتاج و إفراز سائل المرارة.

عند حرقة المعدة الناجمة عن فرط إنتاج الحمض ينصح تناول مقدار ملعقة شاي من زيت الزيتون البكر الرفيع قبل كل وجبة أكل إذ أنه يحمي الغشاء المخاطي للمعدة و يبطل تأثير حامض المعدة الزائد بطريقة طبيعية.

الحماية من الشمس و مستحضر ما بعد التشمّس

تمزج 4 مقادير من زيت الزيتون البكر الرفيع بمقدار واحد من عصير الليمون. قبل أن تصبح مواد الحماية من أشعة الشمس المصنعة متوفرة في السوق التونسية، كان التونسيون يعمدون إلى هذا الخليط لطلاء بشرتهم قبل تناول حمام شمس. لا تزال إلى حد اليوم تستعمل هذه الطريقة الرخيصة في تونس، خاصة و أن بشرة سكان شمال إفريقيا لا تحتاج لحماية فائقة كتلك التي تحتاجها بشرة سكان شمال أوروبا. يحمي زيت الزيتون البكر الرفيع الكامن في هذا الخليط البشرة كما أن له مفعول وقائي ضد إشعاعات الشمس فوق البنفسجية. يتعين كذلك استعمال هذا المستحلب بعد حمام الشمس. كما لهذا الخليط مفعول مهدئ و منعش حتى على البشرة المحمرة و المتهيجة.

يمكن استخراج مستحلب الحماية من أشعة الشمس بشكل سريع.

يعد من يدلك جسمه بزيت الزيتون البكر الرفيع بعد حمام الشمس أقل عرضة للإصابة بسرطان الجلد.

هذا ما استنتجه فريق من الباحثين اليابانيين من خلال جملة من الأبحاث، عرض فيها فئران تجارب الى أشعة فوق البنفسجية 3 مرات في الأسبوع. 5 دقائق بعد تعرضها للأشعة كانت المجموعة الأولى من فئران التجارب تدلك بزيت الزيتون العادي أو لا تدلك أصلا في حين كانت المجموعة الثانية تدلك بزيت الزيتون البكر الرفيع.
لوحظ لدى المجموعة الأولى من الفئران غير المعالجة ظهور أورام سرطانية بعد 18 أسبوع، تليها مباشرة تلك الفئران التي دلكت بزيت الزيتون العادي أما الفئران التي عولجت بزيت الزيتون البكر الرفيع فاكتشف لديها أول الأورام السرطانية بعد انقضاء 6 أسابيع على إصابة المجموعة الثانية من الفئران. إلاّ أن هذه الأورام كانت أقل عددا بشكل واضح و أصغر من تلك الأورام التي اكتشفت لدى الفئران الأخرى. فضلا عن ذلك تعرضت المادة الجينية لخلايا البشرة المحمية بزيت الزيتون البكر الرفيع إلى أضرار محدودة بشكل لافت.

الإرهاق

عملية التدليك المضاد للإرهاق: تضاف إلى مقدار ملعقة أكل من زيت الزيتون البكر الرفيع 10 قطرات من زيت الخزامة العطري و 5 قطرات من زيت "الإيلانغ - ايلانغ" العطري. تدلك الأصداغ و الضفيرة العصبية الشمسية بهذا الخليط بحركات دائرية مقتضبة.
الحمام المهدئ: للتعافي من أرق يوم مرهق و استعادة الهدوء النفسي يُنصح بالاستحمام الكامل، تسكب في حوض الحمام الإضافات التالية: مقدار ملعقة أكل من زيت الزيتون البكر الرفيع، 5 قطرات من زيت العبقر العطري و 10 قطرات من زيت الخزامة العطري. بعد الركون لمدة 15 دقيقة مهدئة في هذا الماء يتعين النزول من الحوض و تجفيف الجسم مباشرة برفق حتى تبقى الزيوت الثمينة ملتصقة بالبشرة لمدة و تحافظ على مفعولها.

الحروق

يتعيّن بالطبع اللجوء بدون تردد إلى طبيب الإسعاف في حالات الحروق الكبيرة! قبل و الى أن يصل طبيب الإسعاف يجب تبريد الموقع المتضرر من خلال وضعه تحت ماء بارد سائل. أما الحروق الصغيرة و التي تكون محدودة العمق و الانتشار فيجب تركها في الماء البارد إلى أن تخف الأوجاع ثم معالجتها بالوسائل المنزلية التالية:

زيتن الزيتون المخفوق: إذا ما خفت الأوجاع و اندمل الجرح يطلى المكان المتضرر برفق و عناية بزيت الزيتون البكر الرفيع بالاستعانة بفرشاة، يجب أن يكون هذا الزيتون قد خُفق بشكل جيد قبل استعماله و تحول إلى مستحلب.

زيت الزيتون البكر الرفيع مع أبيض البيض: تخلط مقدار ملعقتي أكل من زيت الزيتون البكر الرفيع مع أبيض البيض و تخفق بشكل جيد. بعد تبريد المكان المتضرر بواسطة الماء السائل البرد يتعين طلاء ذلك المكان بهذا الخليط برفق. كما يساعد هذا الخليط في حالات لسعات الحشرات و يساعد على زوال الرغبة الملحة في الحك.

تجنب حالة الإرهاق الناجمة عن التناول الهائل للكحول

إذا ما نوى شخص إقامة سهرة قد يتناول فيها كميّة من الكحول، فينصح بتناول مقدار ملعقة أكل من زيت الزيتون البكر الرفيع، حيث يغلف زيت الزيتون الغشاء الداخلي للمعدة و يجعلها أكثر مناعة إزاء الكحول. بهذا الطريقة يمكن تعطيل الانتقال السريع للكحول إلى الدم و يبقى للكبد وقتا أطول لإزالته.

القبض

يعتبر زيت الزيتون البكر وسيلة ضاربة في القدم و طبيعية ناجعة في حالات القبض. للتخلّص من القبض المقيت هناك طريقة بسيطة: يمكن تناول مقدار ملعقة أو ملعقتي أكل من زيت الزيتون البكر الرفيع عند الصباح مباشرة بعد الاستيقاظ من النوم، أو يمكن إضافة ملعقة من زيت الزيتون البكر الرفيع لحساء العشاء. يساعد الزيت على تنشيط إفرازات المرارة اذ يتخذ وظيفة تسهيل الغائط. يمكن دعم مفعول زيت الزيتون البكر الرفيع أكثر من خلال شرب كميات كافية من الماء و تناول كمية كافية من المواد المشبعة في شكل الغلال و الخضروات و المنتوجات الكاملة.

وصفات خاصة بالتجميل

إلى جانب الطرق المتعددة لاستعمال زيت الزيتون البكر الرفيع في مجال الطبخ و فضلا عن الحالات العديدة التي يمكن لهذا الزيت أن يلعب فيها تأثيرا إيجابيا على صحة الإنسان، كان زيت الزيتون البكر الرفيع يُوظف منذ قرون في مجال العناية بالجسم و تجميله و ذلك لما يحتويه من مواد نباتية ثانوية و تركيبته من الحوامض الدهنية، التي تتطابق تقريبا مع نسيج دهنيات الطبقة التحتية للجلدة.

في هذا الفصل من هذا الكتاب نعرض جملة من أمثلة زيت الزيتون في مجال العناية بالجسم. و إنه يجب التأكيد في هذا السياق على الدور المتميز التي يلعبه زيت الزيتون البكر الرفيع على وجه الخصوص في إطار هذه الوصفات. ليس ضروريا دائما اعتماد خلطات صعبة التحضير حتى نحصل على نتائج إيجابية. الملفت في هذا الإطار أن زيت الزيتون البكر في شكله الطبيعي المحض يعد مناسبا جدا لعديد الاستعمالات الخاصة بالتجميل. عند عملية تحضير الوصفات يجب الحرص على تبسيطها قدر الإمكان. تلعب جودة زيت الزيتون دورا مؤثرا في هذا الإطار حيث يجب اعتماد زيت زيتون البكر الرفيع عالي الجودة و إن أمكن اعتماد زيت زيتون بيولوجي. إذا ما قارنّا أسعار هذا الزيت مع أسعار مواد التجميل المصنعة فإن زيت الزيتون البكر الرفيع يعد بكل تأكيد أقل سعرا بأضعاف مضاعفة.

زيوت حشائش الزيتون

تعدّ عملية استخراج زيوت حشائش الزيتون عملية بسيطة يمكن القيام بها بشكل فردي. يمكن عمليا استغلال كل الحشائش و الأزهار و الجذور لاستخراج هذا الزيت حسب الرائحة التي نرغب في الحصول عليها و حسب النفع الذي نريد تحقيقه من خلال هذا الزيت.

تحضر جزء من النبتة أو الشجرة (أوراق، أزهار، أو جذور) و تسكب عليها جزءان إلى ثلاثة أجزاء من زيت الزيتون البكر الرفيع و توضع في قارورة داكنة مغلقة بشكل جيد على مدى شهر، في مكان دافئ لتتقشف. يتعين في هذه الفترة تحريك محتوى القارورة أو خضها عديد المرات. إذا ما بلغ الخليط الحالة المرجوة، يتم فصل المكونات الصلبة، و عندها يصبح زيت حشائش الزيتون مهيئا للاستعمال، فلقد تحللت المواد الفاعلة و مواد الرائحة في زيت الزيتون البكر الرفيع.

يمكن توظيف زيت الحشائش هذا كزيت استحمام أو زيت تدليك. لتقوية مفعوله أو تهذيب رائحته و تقويتها يمكن إضافة بعض القطرات (للكهول البالغين 20 إلى 30 قطرة في 50 مل) من الزيوت العطرية. هنا يكون للإكليل و النعناع مفعول مؤثر و مساعد على انسياب الدم في حين يكون للخزامة تأثير مهدئ و ملمعا للبشرة أما الترنجان فيعد مهدئ كذلك. تشكل أزهار آذريون الحدائق علاجا جد مناسبة لحالات الالتهاب و احمرار البشرة و الكدمات و الجروح الصعبة الالتئام.

العناية بالرضيع

يعمد العديد من الأمهات التونسيات إلى تنظيف مولودهم الجديد خلال الأشهر الأولى حصريا بزيت الزيتون البكر الرفيع، هذا يعني بالفعل بدون الاستعانة بالماء و يطلى الرضيع بالزيت من رأسه حتى قدميه. قد يبدو هذا الأمر غريبا و مدهشا إلا أن زيت الزيتون البكر الرفيع يعتبر مادة مثالية للعناية

بالبشرة بفضل تركيبة الحوامض الدهنية التي يحتويها و التي تشبه إلى حد بعيد المادة الدهنية الكامنة في البشرة كما أنه زيت غني بالحوامض الدهنية المفردة غير المشبعة و بالفيتامين E. تعد عملية التنظيف المرفقة و التي تتم دون إزالة المادة الدهنية لبشرة الرضيع الحساسة و الرقيقة حيث تميل هذه البشرة إلى التجفف و قد يؤدي ذلك إلى نشوء حساسية في البشرة و رغبة ملحة للحك. توجد في بعض مواد التنظيف و العناية الخاصة بالرضع مواد حفظ مثيرة للحساسية وفي بعض الأحيان حتى مثيرة للسرطان. كما أنها تحتوي على مواد اصطناعية تخص الرائحة و اللون. فضلا عن ذلك تتضمن هذه المواد في الغالب مواد شرسة نافذة التنظيف و التي قد تسبب في تجفف بشرة الرضيع الحساسة و نشوء مشاكل في مستوى البشرة لاحقا.

لا يجب مع ذلك على الرضيع الاستغناء عن الاستمتاع بالاستحمام الكامل حيث يمكن إضافة مقدار بضعة ملاعق أكل من زيت الزيتون البكر الرفيع إلى ماء حوض الاستحمام. بهذه الطريقة يمكن الاستغناء عن عملية طلاء الرضيع بالزيت التي عادة ما تتم بعد عملية الاستحمام. إذا ما أراد المرء القيام بهذه العملية فيمكن طلاء البشرة بشكل خفيف بزيت الزيتون البكر الرفيع مباشرة بعد الاستحمام. هكذا تصبح بشرة الرضيع حتى تناول الحمام القادم محمية بشكل مثالي. حتى يتوزع زيت الزيتون في ماء حوض الاستحمام بشكل جيد يمكن خلطه بمقدار ملعقة أكل من عسل النحل. يتم بعد عملية الاستحمام تجفيف البشرة برفق دون تدليك حتى يبقى شريط الزيت الواقي على البشرة و لا يزول.

القدمان

تساعد عملية تدليك القدمين بزيت الزيتون البكر الرفيع بعد حمام دافئ في جعل البشرة رطبة و مرنة، كما تزول شقوق البشرة مع مرور الوقت و تصبح أظافر القدم أكثر صلابة.

لتجنب العرق غير العادي و الروائح الكريهة التي قد تنبعث من القدمين يمكن مسد القدمين بإتقان كل مساء بعد الاستحمام بالخليط التالي: تخلط مقدار 5 ملاعق أكل من زيت الزيتون البكر الرفيع مع 5 قطرات من زيت الليمون العطري و نفس القدر من زيت المريمية العطري.

الوجه

تجميل العينين: لإزالة مساحيق الزينة الخاصة بالعينين تسكب قطرات من زيت الزيتون البكر الرفيع على رفادة من القطن و تمسح بها العينين برفق.

تنظيف الوجه: إن تنظيف الوجه بواسطة زيت الزيتون البكر الرفيع الخالص يصون و يغذي البشرة. عند تمسيد البشرة برفق بزيت الزيتون فإن هذا الزيت يمتص جزئيات الوسخ و الغبار و حتى مواد

الحثالة النافذة بعمق و التي يتم التخلص منها بالكامل من خلال مسح الزيت الزائد بمنديل ورقي، إلى جانب ذلك تمنح هذه العملية البشرة كل مكونات زيت الزيتون البكر الرفيع النافعة. كإضافة يمكن اعتماد زيت الخزامة أو زيت البرتقال. تخلط في هذه الحالة 50 مل من زيت الزيتون البكر الرفيع مع 20 قطرة من زيت الخزامة العطري أو 10 قطرات من زيت البرتقال العطري.

قناع من الجزر للبشرة الحساسة: يعد هذا القناع مناسبا للبشرة الحساسة الميالة للاحمرار على وجه الخصوص. يتم خلط عصير 4 جزرات مع أصفر البيض، إضافة إلى ملعقة أكل من العسل و نفس المقدار من زيت الزيتون البكر الرفيع. يطلى هذا الخليط بتناسق على الوجه و الرقبة و أول الصدر. يتم بعد انقضاء 20 دقيقة من المفعول إزالة القناع من خلال الغسل المتقن و الدقيق بالماء الدافئ. غالبا ما نجد الجزر في مواد التجميل المنزلية لمقاومة التهرّم المبكر للبشرة اذ يعد مصدر تجديد وإنعاش فعلي للخلايا. يعتبر الجزر مادة هامة و ذلك لما يحتويه من قدرة على رأب الجروح و بفضل النسبة العالية من بيتاكروتين التي يحتويها التي تمنح البشرة طفرة من النضارة.

قناع من أصفر البيض، لا يخص البشرة المتهرّمة فقط: يتضمن هذا القناع من أصفر البيض مواد مغذية للبشرة تجعلها لينة و ناعمة. يخلط أصفر البيض مع مقدار ملعقة أكل من عسل النحل، إضافة إلى مقدار ملعقة شاي من زيت الزيتون البكر الرفيع، تخفق كل هذه المكونات حتى تصبح كـ"المايوناز". يطلى هذا الخليط على الوجه و يُترك لمدة 20 دقيقة يزال القناع بعدها بإتقان بواسطة الماء الدافئ. إن عسل النحل المعتمد في هذه الوصفة يغذي البشرة حيث يتم استعماله بكثرة في مواد التجميل لجعل البشرة لينة و منحها الرطوبة. إنها مادة غنية بالفيتامينات و العناصر الكيمائية الضرورية و تعد ملائمة للبشرة الحساسة على وجه الخصوص.

قناع الرطوبة ضد التجاعيد: تخلط أنسجة ثمار الأفوكادو الناضج مع عصير نصف ليمونة مع مقدار ملعقتي أكل من زيت الزيتون البكر الرفيع. يطلى هذا الخليط على البشرة و يترك لمدة 15 دقيقة ليعطي مفعولا. يزال هذا القناع بعدها مباشرة بالكامل من خلال الغسل بالماء الصافي.

المستحلب المضاد للتجاعيد: تخلط مقدار 5 ملاعق أكل من زيت الزيتون البكر الرفيع

يوجد في كل مطبخ عديد المكوّنات الخاصة بهذه الوصفات.

مع عصير ليمونة واحدة إضافة إلى مقدار 5 ملاعق أكل من الفازلين. يطلى هذا الخليط على كامل بشرة الوجه و يترك لـ15 دقيقة ليعطي مفعولا. بعدها يزال هذا القناع بإتقان وتنشف البشرة بمنديل بكل رفق.

القناع المضاد لمرض الغدد الدهنية: تخلط حفنة من أزهار الخزامة جيدا مع مقدار ملعقة أكل من الكريمة الطازجة (Crème fraîche) إضافة إلى مقدار ملعقتي أكل من زيت الزيتون البكر الرفيع. تمسح بشرة الوجه بهذا الخليط و يترك لمدة 20 دقيقة حتى يعطي مفعولا بعدها يتم تنظيف الوجه بالكامل.

القناع الخاص بالبشرة الدهنية: يعد هذا القناع ملائما بشكل خاص للبشرة الدهنية و لكن لكل أنواع البشرة كذلك لأنه يصفّي المسام و يزيل جزئيات البشرة الميتة، كما أنه يصون و يغذي هذه البشرة في نفس الوقت. يتم خلط مقدار 4 ملاعق أكل من التربة الطبية ("طفل") مع مقدار ملعقتين أكل من زيت الزيتون البكر الرفيع. تشكل بهذا الخليط طبقة رقيقة على بشرة الوجه و تُستثنى منها العينان و الأنف و الفم. يترك هذا القناع لمدة 20 دقيقة حتى يعطي مفعولا يتم بعدها غسل الوجه بالكامل و بإتقان.

القناع المغذي و المرطب: يتم خلط مقدار ملعقة أكل من عسل النحل مع نصف كأس من الحليب الدافئ بشكل جيد. ُتضاف إليها مقدار 4 ملاعق أكل من الطحين و ملعقة أكل من زيت الزيتون البكر الرفيع. يطلى هذا الخليط على الوجه و الرقبة و يترك لمدة 15 دقيقة ليعطي مفعولا، يتم بعدها غسل الوجه و الرقبة بالكامل.

الشعر

انه من الشائع في البلاد التونسية مسح الشعر بزيت الزيتون البكر الرفيع بعد غسله أو حتى ما بين عمليات الغسل الواحدة و تدليك فروة الرأس بهذا الزيت. من خلال هذه الطريقة يقي التونسيون و التونسيات شعرهم من أشعة الشمس فوق البنفسجية و التي قد تتسبب في تجفف هذا الشعر و زوال لونه. هكذا يتم تقوية الشعر و تغذيته من الداخل و الخارج عبر جذور الشعر. كما يصبح أكثر حصانة إزاء الشمس و الريح و الماء المالح و يُسهل عملية التسريح. باعتبار أن الشعر الأوروبي أخف و غير مجعّد و سرعان ما يصبح متصلبا و جافا ينصح في أول تجربة اعتماد كمية محدودة جدا من زيت الزيتون البكر الرفيع لطلاء أطراف الشعر. يمكن استعمال كمية أكبر قبل عملية غسل الشعر و تدليك فروة الرأس. يوضع الشعر إثرها تحت خوذة الرأس البلاستيكي المسخنة أو يغطى بواسطة منديل لمدة 15 إلى 30 دقيقة حتى يعطي مفعولا. ثم يتم غسل الشعر بشكل كامل و متقن. إذا ما استعصى تخليص الشعر من الزيت يمكن الاستعانة بمستحضر غسيل مكون من الخل و الماء

(1مقدار خل على 7 مقادير ماء). لكل نوعية من الشعر طريقته الخاصة في التفاعل مع زيت الزيتون إلا أنه من البديهي أن لا يتم تجربة هذه الوصفة بالضرورة قبيل موعد هام.

شامبو التربة الطبية ضد الشعر المتقصّف: يخلط أصفر البيض مع مقدار ملعقتي أكل من التربة الطبية مع مقدار ملعقتي أكل من زيت الزيتون البكر الرفيع إضافة إلى نفس المقدار من عصير الليمون. يسكب هذا الشامبو على الشعر و فروة الرأس. يغسل الشعر بالكامل و بإتقان بعد انقضاء 5 إلى 10 دقائق من التأثير.

غلاف من التربة الطبية ضد الشعر المتقصف: يتم إضافة مقدار ملعقة شاي من الخميرة إلى الوصفة السابقة، بعد انقضاء 30 دقيقة من التأثير يجب إزالة هذا الغلاف من خلال عملية الغسل المتقنة و الكاملة.

غلاف من التربة الطبية ضد الشعر الدهني: تخلط مقدار 4 ملاعق أكل من التربة الطبية بمقدار ملعقتي أكل من زيت الزيتون البكر الرفيع إضافة إلى قطرتين من زيت الزعتر العطري بشكل جيد. يطلى الشعر خصلة بخصلة من الجذور حتى الأطراف بكل عناية و يترك لمدة 20 دقيقة من التأثير يتم بعدها غسل الشعر بشكل عادي بواسطة الشامبو.

قناع مغذي للشعر الجاف و الباهت: يخفق أصفر البيضة مع مقدار ملعقة أكل من زيت الزيتون البكر الرفيع. تضاف إليها 20 غ من اللوز المسحوق و تخلط جيدا. يطلى هذا الخليط على الشعر و يُترك لمدة 15 دقيقة من التأثير. يغسل بعدها الشعر بالشامبو.

التدليك بالزيت ضد القشرة: في حالة ظهور القشرة يتعين قبل كل غسل للشعر تمسيد الشعر و فروة الرأس بخليط من زيت الزيتون البكر الرفيع و عصير الليمون.

زيت البابونج و الزيت ضد البقعة الصفراء في الشيب: تخلط 100 قطرة من زيت البابونج العطري مع 100 مل من زيت الزيتون البكر الرفيع. تدلك فروة الرأس بهذا الخليط بانتظام و ذلك ساعة قبل غسل الشعر.

مادة طبيعية ضد قمل الرأس: يوزع زيت الزيتون البكر الرفيع بعناية على كامل الشعر. على الشعر أن يبقى مبللا بالزيت لمدة لا تقل عن ساعتين، بعدها يسرّح بالكامل و بإتقان، هكذا يزول قمل الرأس و أوكارها من الشعر. للتحصل على نتيجة جيدة يتعين استعمال مشط تسريح ضد القمل والذي يتم طلاؤه بزيت الزيتون كذلك قبل استعماله. لإكساب هذه العملية الطبيعية أكبر قدر من الفاعلية و لتجنب ظهور القمل من جديد، ينصح طلاء فروة الرأس بخل الخزامة عديد المرات في الأسبوع. يستخرج هذا الخل من خلال وضع مقدار قبضتين إلى 3 قبضات من أزهار الخزامة في لتر من الخل الأبيض لمدة أسبوعين، يصفى إثرها الخليط.

الأيدي و الأظفار

لتجنّب ظهور البشرة الجافة و المشققة في مستوى الأيدي يتعين دلكها باستمرار- من الأفضل عدة مرات في اليوم - بزيت الزيتون البكر الرفيع. كلما تكررت هذه العملية يكون أفضل. يمكن حسب الأذواق تهذيب زيت الزيتون البكر الرفيع بشيء من عصير الليمون أو بعض القطرات من زيت الليمون العطري. يمكن معالجة الأيدي المشققة كذلك من خلال تدليكها عديد مرات في اليوم بخليط يتشكل من مقدار ملعقة أكل من زيت الزيتون البكر الرفيع ونفس القدر من خل التفاح، أو تدلك الأيدي في الصباح و المساء بالخليط التالي: يخفق أصفر بيضتين مع مقدار ملعقتي أكل من زيت الزيتون البكر الرفيع، تضاف إليها 5 قطرات من زيت أزهار الغُرنوق العطري و قطرتان من زيت الليمون.

يمكن معالجة الأظافر المتآكلة من خلال تنظيفها المنتظم. تغطس أظافر اليد لمدة 5 إلى 10 دقائق في زيت الزيتون البكر الرفيع الدافئ. تدلك بعدها الأظافر ببعض القطرات من عصير الليمون. يجفف عصير الليمون الزائد بمنديل تنظيف.

الشّفتان

يتم إذابة مقدار ملعقة أكل من شمع العسل مع مقدار ملعقتي أكل من زيت الزيتون البكر الرفيع في الماء الساخن. يزال الإناء من فوق النار و تضاف إليه مقدار ملعقة شاي من الماء المعدني الصّافي. تخلط هذه المكونات إلى أن تصبح باردة حتى يتسنى تعبئتها في قنينة صغيرة. تطلى الشفاه الجافة بهذا المسحوق.

الفم و الأسنان

للمحافظة على صحة الأسنان و اللثة المحيط بها و بياضها، تطلى الجوانب الخارجية و الداخلية للأسنان إلى جانب اللثة بزيت الزيتون البكر الرفيع برفق. بعدها يمكن المضي في عملية المعالجة والتي تتمثل في غسل الفم من خلال الغرغرة ("المضمضة") بجرعة من زيت الزيتون البكر الرفيع حيث ينفذ هذا الزيت بين الأسنان بعدها يجب التخلص منه و عدم ابتلاعه. تعاد هذه العملية مرة أخرى بزيت زيتون بكر رفيع جديد. يساعد زيت الزيتون البكر من خلال هذه العملية على إخلاء الجسم من السموم و الرواسب حيث يعمل هذا الزيت على تحلل و اجتثاث و امتصاص المواد السامة و بقيا المواد الراسبة في الغطاء المخاطي للفم أثناء الليل. لذلك يكون من الأفضل عدم ابتلاع زيت الزيتون بل بصقه.

تجعد الجلدة الناجم عن الحمل

للوقاية من التجعدات الناجمة عن الحمل و التي يتسبب فيها تمطط البشرة أثناء فترة الحمل أو التي قد تنشأ أثناء الازدياد الهائل للوزن، يتعين تديلك الأماكن المقصودة بزيت الزيتون البكر الرفيع بانتظام من الأفضل في الصباح و المساء.

نصائح تخص الحلاقة

لتسهيل عملية حلاقة الرجلين والأماكن الحساسة من البدن و جعلها أكثر نعومة ينصح باعتماد الطريقة التالية: يتم في البداية تبليل البشرة بالماء الدافئ، ثم تطلى و تدلك المواقع المقصودة بزيت الزيتون البكر الرفيع. بعدها تطلى بمعجون الحلاقة. عندها يمكن الشروع في عملية الحلاقة. في الختام تغسل البشرة بالماء الدافئ. تساعد الاستعانة بزيت الزيتون البكر أثناء عملية الحلاقة على تجنب تمطط البشرة و تمنحها في نفس الوقت الصيانة. لا يحتاج المرء بعدها إلى مواد ما بعد الحلاقة و التي بدورها قد تؤثر سلبا على البشرة التي حلقت التو.

نصائح و خفايا تخص زيت الزيتون

كان في الماضي يتم صيانة و تنظيف الأجهزة و الأدوات بزيت الزيتون باعتبار حينها لم يكن تتوفر هذه العروض السخية من مواد التنظيف و الصيانة كما هو الشأن اليوم. لقد كان زيت الزيتون البكر الرفيع ذو الجودة العالية لا يستعمل في هذا المجال، و يعد ذلك أمرا بديهيا و منطقيا، إذ يعتبر هذا الزيت جد ثمينا و لا يلزم بالضرورة اعتماده في مثل هذه العمليات باعتبار أنه يمكن الاعتماد فيها على زيت الزيتون و زيت الزيتون المصفى. نضرا لعودة كثير من الناس إلى العديد من العادات والممارسات القديمة التي كاد يطويها النسيان أضحى زيت الزيتون يوضف من جديد في مجال الأعمال المنزلية.

يعد زيت الزيتون مادة مثالية **لصيانة الجلد** حيث أنه يعيد للجلد الممزق و الرث و الجاف ليونته و نعومته. لا يحتاج المرء سوى مسح الجلد بعد تنظيفه بزيت الزيتون مستعينا بنشاف جاف ثم يترك هذا الجلد حتى يستوعب هذا الزيت و يصبح جافا. يمكن تكرار هذه العملية، إذا ما كان اللون النهائي للجلد غير متجانس. سيلحظ المرء أن أغلب البقع قد زالت بفضل زيت الزيتون.

لصيانة **الأثاث الخشبي المتين واللعب القديمة المصنوعة من الخشب** و إكسابها بريقا جديدا يتعين مسح الخشب بزيت الزيتون بعد تنظيفها الكامل. بعد انقضاء يوم واحد على أقصى تقدير

يضفي الضوء المتأتي من المصابيح الزيتية الصغيرة على المكان جو شرقي.

يمتص الخشب كل الزيت المستعمل و يصبح براقا كأنه حديث الصنع. كما يمكن تلميع **مساحات الرخام** الجديدة (البلاط الأرضي، مكان العمل في المطبخ، حافات النوافذ) بزيت الزيتون و مسحها به من حين لآخر. يسكب زيت الزيتون على مساحات الرخام النظيفة بشكل متجانس. يساعد زيت الزيتون على سد مسام الرخام الصغيرة مما يجنبها عن استيعاب الوسخ و يحول دون نشوء رقع وسخ أو آثار ركن القوارير. في الآخر يمسح الرخام و يجفف بواسطة منديل ناعم. يكتسب الرخام بفضل زيت الزيتون لونا أكثر بريقا و تبرز خاصيته الرخامية و بريقه المميز، كما يتسنى من خلال هذه العملية التخلص من أغلب البقاع كبقعة الحوامض البيضاء المتأتية من الخل والليمون و بقع الدهون و آثار ركن القوارير و الكؤوس.

يعد زيت الزيتون كسائر زيوت الآلات المتداولة في السوق، صالح لتشحيم كل **المعدات و الأدوات الميكانيكية الممكنة**. بفضل هذه العملية يمكن تجنب تأكسد المعدن و تآكل البنية الميكانيكية، كما يمكن التخلص من القزقزة المزعجة. يتعيّن على وجه الخصوص مسح الأدوات المعدنية التي تلامس المواد الغذائية كالسكاكين مثلا و الأقراص المثقوبة للمفرمة بزيت الزيتون لحمايتها من بقع الصدأ المقزز.

لتخليص البشرة من **بقايا الدهن و زيت التشحيم** بعد إتمام الأشغال يستعمل الكثير "التربنتين" أو ما يشبهها من مواد التنظيف، إلا أن هذه المواد تعد مضرة بالبشرة و جهاز التنفس و العينين. كما أنها لا تنظّف فعليا بإتقان بل إنها تساعد فقط على تحلل الوسخ فقط و انتشارها على مساحة أوسع، كما أنها تمكن الدهن من النفوذ بشكل أعمق إلى البشرة. إنها تجفف البشرة و تتسبب في تهيجها، بل وقد تنشأ في أسوء الأحوال تشوهات. إزاء ذلك يعد من الأبسط و الأنجع و الأكثر سلامة دلك البقع الملوثة بزيت الزيتون ، فهكذا تتحلل تلك البقع و يتم إثرها غسلها بالصابون العادي و إن استلزم الأمر إعادة الكرة مرة أخرى للتخلص من الوسخ بشكل كامل.

يمكن إكساب **القطع النقدية القديمة** و التي غطت واجهتها بقشرة خضراء سوداوية بريقها المعهود من خلال تغطيسها وتركها تارة في زيت الزيتون و طورا في عصير الليمون لفترة طويلة بعض الشيء. تمسح وتجفف بعدها هذه القطع النقدية بمنديل ناعم، عندها تستعيد بريقها الذي كانت عليه عند أول استعمال لها.

يمكن للمرء أن يمنح القطع النقدية الثمينة بريقا جديدا بالاستعانة زيت الزيتون و عصير الليمون.

يمكن كذلك توظيف زيت الزيتون في تنظيف **الصدف**. بعد التنظيف المتقن و الكامل تمسح القطعة بمنديل مبلل بزيت الزيتون. كما يعيد زيت الزيتون **للكهرمان** (ambre) و **"شيلدبلاط"** قشرة السلحفاة المائية، (tortoise) بريقها الأصلي. يكفي تنظيف هذه المواد بزيت الزيتون ثم تجفيفها بالمسح بشكل كامل و متقن.

يمكن إضفاء بريقا جديدا على **القصدير و النحاس الباهتين** من خلال دلكها الجيد بمعجون يتشكل من طباشير الطين و زيت الزيتون، تمسح بعدها بمنديل ناعم بالكامل و بإتقان.

قبيل وضع **الزهور** في المزهرية يتعين تغطيس أسفلها في زيت الزيتون. بهذه الطريقة يتجنب ذبولها السابق لأوانه.

لأكثر من ألف سنة كان يوظف زيت الزيتون في بعث النور في ظلمة الليل. يمكن العثور في أسواق البضاعة المستعملة و في الانترنت على العديد من المصابيح الزيتية القديمة أو المقلّدة و التي تعود إلى أحقاب زمنية مختلفة. تضفي هذه المصابيح المعبأة بزيت الزيتون و المزودة بفتيل جوا من السكينة . يمكن إضافة بعض القطرات من زيت الخزامة أومن زيت الليمون العطري إلى زيت الزيتون الموجود في المصابيح لمعالجة **الرائحة المزعجة** أو لإبعاد **الذباب و البعوض**.

الطبخ بزيت الزيتون

يعتبر زيت الزيتون البكر في العديد من بلدان شمال أوربا و شمال أمريكا أساسا في شكله الطازج لتحضير المأكولات الباردة و أطباق السلاطة. أما في البلدان المنتجة لزيت الزيتون الواقعة على الحوض البحر المتوسط فإنه من البديهي استعمال زيت الزيتون البكر في طهي و القلي الجزئي و حتى القلي الكامل.

يعد زيت الزيتون البكر بفضل ارتفاع نقطة غليانه و التي بدورها تتفاوت بحسب النوعية و نسبة الحموضة، أنسب من كل باقي الدهون الأخرى الحيوانية و النباتية لعملية الطبخ!

نعني بنقطة الغليان تلك الآونة التي يبدأ فيها الزيت بالتبخر حيث تتغير تركيبته الكيميائية. تتلاشى عديد الخصائص النافعة لهذا الزيت تحت تأثير الحرارة العالية ، بل قد تتشكل مواد ضارة. لهذا السبب على المرء أن ينتبه دائما عند عملية تسخين أو طهي الزيت - مهما كانت نوعية هذا الزيت - إلى أن لا يصل إلى نقطة الغليان فيبدأ في التبخر. تتحدد نقطة الغليان حسب نسبة الحوامض الدهنية المحضة و النوعية فبخصوص زيت الزيتون البكر الرفيع تكون في حدود 180 درجة في حين تكون في حدود 220 درجة فيما يتعلق بزيت الزيتون.

نقطة الغليان			
زيت الزيتون البكر الرفيع	180°	زيت الفول السّوداني	210°
زيت الزيتون البكر	180°	زيت عباد الشمس	170°
زيت الزيتون	220°	الزبد	110°

نعرض فيما يلي جملة مقتضبة من وصفات الأكل الخاصة بالطبخ التونسي و التي من شأنها أن تعطي للقارئ صورة ملموسة عن طرق الاستعمال المتنوعة لزيت الزيتون البكر الرفيع.

يمكن تعويض كل زيت بدون استثناء بزيت الزيتون البكر الرفيع، خاصة إذا ما نضج هذا الأخير و أصبح خفيف المذاق.

وصفات الطبخ

السّلاطة التونسية

تعتمد الوصفة الأساسية الخاصة بالسلاطة التونسية على ثلاثة أنواع من الخضراوات الكلاسيكية وهي الطماطم و الفلفل و البصل والتي تزرع في البلاد التونسية في فصل الصيف و تنمو بكثافة مما يجعلها رخيصة الثمن. يمكن تنويع هذه السلاطة من خلال إضافة أو الاستغناء عن إحدى النوعيات من الخضر.

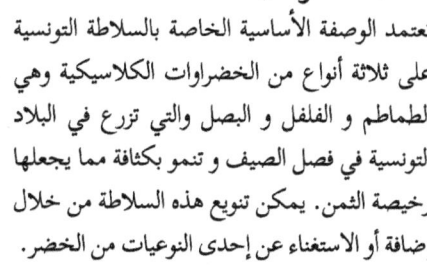

3 حبات من الطماطم، قطعة واحدة من البصل، قرنين من الفلفل الحلو أو 3 إلى 4 قرون من الفلفل الحار، قطعة خيار و تفاحة صغيرة (حسب الأذواق)	تقطع كلها إلى قطع صغيرة و تخلط. تقطع التفاحة إلى قطع صغيرة و تضاف إليها قطرات من عصير الليمون حتى لا يصبح لونها بنيا. تضاف هذه القطع من التفاح إلى السلاطة.
الملح و الفلفل الأسود مقدار ملعقتي أكل من *زيت الزيتون البكر الرفيع*	يضاف اليها مباشرة بعد تذوقها شيئا من و يسكب عليها
التن و الزيتون	تقدم السلاطة على صحن مبسوط و يمكن حسب الأذواق تطعيمها بـ
	يمكن إضافة الليمون المنقوع في زيت الزيتون البكر الرفيع (أنظر زيت الليمون) في شكل قطع صغيرة، حيث أنها تضفي على السلاطة نكهة جد مميزة.

صلصة السلاطة

تمثل هذه الصلصة البسيطة الأساس لأغلب أنواع السلاطة الخضراء. لا شك في أن المذاق يتحدد كذلك بنوعية المكوّنات المعتمدة في هذا الإطار. كلما كان زيت الزيتون البكر الرفيع ممتاز الجودة كانت الصلصة ألذ و أحسن و أكثر نفعا و من ثمة طبق السلاطة بأكمله. لا تحتاج السلطة الخضراء لتكون رائعة المذاق لأي مقو للمذاق و لا لإضافة كيميائة من صلصة السلاطة المستحضرة.

- يهذّب زيت الزيتون البكر الرفيع الخاص ببعض من الملح و الفلفل الأسود.
- يهذّب زيت الزيتون البكر الرفيع بشيء من عصير الليمون الطازج و ببعض الملح و الفلفل الأسود. يمكن في هذا السياق تغيير مذاق صلصة السلاطة بإضافة بعض الحشائش الخضراء المفرومة بدقة كالنعناع مثلا.

تحضير خلة تتكون من زيت الزيتون البكر الرفيع و الخل المهذب البكر بنسبة 3/2 أي مقدارين من الخل على ثلاث مقادير من زيت الزيتون. يمكن تهذيب هذا الخليط بشيء من عصير الليمون و الملح و الفلفل الأسود و حسب الأذواق يمكن إضافة بعض من الحشائش الخضراء المفرومة بشكل دقيق.

المايوناز المعدة منزليا

أصفر بيضتان
مقدار ملعقة أكل من عصير الليمون
250 مل من زيت لزيتون البكر الرفيع

يملح قليلا و يخفق مع
إلى درجة المرغ.
يضاف إلى الخليط شيئا فشيئا ثم يخلط بخلاط حتى يصبح قشدة كثيفة. يجب أن يكون أصفر البيض و زيت الزيتون البكر الرفيع على نفس الدرجة من الحرارة. في الآخر يضاف شيئا من

الملح و الفلفل الأسود.

السلاطة المشوية

500-750غ من الفلفل الحار و الحلو (حسب الأذواق)، إضافة إلى قطعة طماطم و درنة من الثوم غير المقشر

توضع على المشوى. بعدها يقشر الفلفل و الطماطم و تزال البذور و يقشر الثوم و يسحق في جرن معًا

ملعقة شاي من الكمون المطحون
نصف ملعقة شاي من الملح

تضاف إليها الخضراوات المشوية و تقطّع إلى قطع صغيرة جدا. إذا لم يتوفر جرن يمكن فرم الخضراوات المشوية على لوحة بواسطة سكين كبير. تخلط كل هذه المكونات جيدا و تقدم على صحن يسكب عليه

زيت الزيتون البكر الرفيع

و حسب الأذواق يزين بـ

التن و الزيتون.

الخضر المشوية: سهلة التحضير، صحية ولذيذة

قطعة من الباذنجانة، قطعة من القرع المغربي، قطعة كبيرة من البصل	تقطع على شكل دوائر رقيقة متجانسة وتشوى بعناية.
بعض من الفلفل الحلو و الحار إلى جانب درنتين من الثوم	تشوى. تقشر الفلفل و يقطع إلى جدائل. يقشر الثوم و يقطع إذا لزم الأمر إلى جدائل. يوضع القرع المغربي و الباذنجانة و الفلفل في صحون كل على حدا
وتملح	و تضاف إليها بعضا من
عصير الليمون	و تسكب عليها شيئا من
زيت *الزيتون البكر* الرفيع	يوضع البصل و الثوم كل على حدا على صحن و يضاف إليها بعض من الملح و زيت *الزيتون البكر* الرفيع.

الخضر المشوية: النوعية الرقيقة (الباذنجانة و القرع المغربي)

قطعة من الباذنجانة، قطعة من القرع المغربي	تقطع في شكل دوائر رقيقة و تشوى بعناية. توضع في صحن في شكل طبقات الواحدة فوق الأخرى حيث تهذب كل طبقة بـ
الملح و أعشاب البروفانس.	توزع على كل طبقة و
بعض أوراق النعناع الخضراء	تُسكب عليها بوفرة شيئا من
زيت *الزيتون البكر* الرفيع	و قبل 20 دقيقة من تقديمه تُمقر.

الملوخية

إن الملوخية نبتة شبيهة بنبتة الخيش تعطي أوراقها المجففة و المطحونة بشكل دقيق عند طهيها في البداية مادة كثيفة مخاطية بعض الشيء و التي تتلاشى من خلالها عملية طهيها الطويلة الذي يمتد إلى 5 ساعات على الأقل. يتم طبخ هذه الأكلة في تونس و في العديد من الدول العربية الأخرى في مناسبات تقليدية دينية معينة لأجل لونها الأخضر الداكن. تحتوي الملوخية على نسبة من الحديد و تعد بدون شك أكلة صحية جدا لما تحتويه من كمية وافرة من زيت الزيتون البكر الرفيع و هي أكلة محبذة جدا لدى الأطفال.

200 غ من الملوخية المطبوخة مع 200 مل من *زيت الزيتون البكر الرفيع*	توضع معا في قدرة كبيرة على نار هادئة لمدة دقيقتين حيث يتم خلطها باستمرار حتى يمتزجان بشكل جيد و يكون معا مادة كثيفة متجانسة يتم إثرها ملأ القدرة بـ
3 ل من الماء الساخن	و يترك على نار معدلة لمدة تناهز 4 ساعات. في هذا الوقت تتلاشى تلك المادة الكثيفة اليابسة و المخاطية التي تشكلت في البداية يجب الإنتباه جيدا في بداية و نهاية عملية الطهي و عدم التوقف عن خلط الحساء حتى لا يركن و لا يحترق. بعد مضي 4 ساعات تقطع
1 إلى 1,5 كغ من لحم الخروف مقدار ملعقة شاي من الملح و 4 أوراق الرند و ملعقة أكل من الكزبرة المطحونة و 10 إلى 15 ورقة نعناع أخضر (أو ملعقة أكل من النعناع المسحوق المجفف).	الى قطع كبيرة بعض الشيء و توضع في الحساء و تضاف اليه
5 إلى 6 فصوص من الثوم	تسحق بواسطة ضاغطة الثوم.
0,5 إلى 1 ل من الماء	تضاف لطهي اللحم. يطهى الحساء لمدة ساعة إلى ساعتين إضافيتين دون توقف عن خلطه من حين لآخر. تصبح الأكلة جاهزة عندما ينفصل زيت الزيتون البكر الرفيع عن الملوخية و يطفو على السطح و يشكل طبخة رقيقة. يقدم الحساء مع
خبز "الباقات" الناضج.	

كسكسي باللحم

لا يمكن الحديث عن المأكولات التونسية دون التطرق إلى الكسكسي ذلك الطبق الوطني. يعد طبق الكسكسي أكلة محبذة جدا نظرا لأصنافه المتعددة و المتنوعة، حتى أن هناك بالفعل عائلات تونسية تأكل الكسكسي كل يوم. نعرض هنا وصفة الكسكسي الأكثر رواجا و هو الكسكسي باللحم.

5 ملاعق أكل من معجون الطماطم، قطعة بصل مفروم مع نصف كأس من *زيت الزيتون البكر الرفيع* و كأس من الماء.	تطهى مع بعض وتضاف إليها
نصف ملعقة أكل من الملح و الفلفل الأسود وملعقة أكل من مسحوق الفلفل الحار.	
4 إلى 5 قرون من الفلفل المشقق	تضاف إليها حتى تطهى والتي تسحب بعد طهيها وتوضع على حد.
150غ من الحمص التي نقعت طيلة الليل في الماء حتى تلين.	تضاف إلى هذه الصلصة
1 كغ من لحم الحمل أو العجل أو الدجاج أو الديك الرومي 1,5 ل من الماء	تقطع و توضع بالقدرة. ثم تضاف إلى الصلصة لتطهى مع البقية.
4 جزرات و 4 قطع من اللفت الأبيض	تقشر و تقطع و تضاف إلى الصلصة. يغطى القدرة و يطبخ محتواها حتى يستوي اللحم و يتقلص حجم الصلصة. في تلك الأثناء يتم تحضير حبات الكسكسى:
3 كؤوس (ما يقارب 600غ) من الكسكسي	تسكب في سلطانية و تضاف إليها
نصف ملعقة أكل من الملح 10 صل من *زيت الزيتون البكر الرفيع* و كأسا واحد من الماء الدافئ	تخلط جميعا عديد المرات و تسوّى الحبات في شكل منبسط بواسطة الجانب الأسفل للملعقة حتى يمتص الكسكسى كل الماء و تصبح حباته منفصلة و واضحة المعالم.
قطعتين إلى 3 قطع من البطاطا	بعد انقضاء ساعة و عندما يستوي اللحم تقشر و تقطع و تضاف إلى الصلصة. بعد 5 دقائق يوضع الكسكسى في "الكسكاس" و يوضع فوق الصلصة أثناء غليانها. يترك الكل ليطهى لمدة تتراوح بين 15 و 20 دقيقة تحت نار معتدلة حتى يتسنى للبخار المنبعث إلى الأعلى من طهي الكسكسى. يفرغ إثرها الكسكسى في سلطانية كبيرة و يخلط بواسطة الملعقة ليتحلل. تسكب حوالي 6 مغارف كبيرة من الصلصة على الكسكسى ثم يتم خلطها حتى يستوعب الكسكسى كل الصلصة. في النهاية توضع الخضار و اللحم على صحن الكسكسى و يقدم.

الكمونية

سُمّيت هذه الأكلة التونسية الكلاسيكية على هذا النحو استنادا إلى نوع التوابل الطاغية عليها و هو الكمون.

1,5 كغ من لحم العجل والكلى و القلب
3 ملاعق أكل من الطماطم،
10 صل من زيت *الزيتون البكر الرفيع*
الملح و الفلفل الأسود و ملعقة أكل من
الكزبرة المطحونة و
ملعقة أكل من مسحوق الفلفل الأحمر
الحار.

درنة من الثوم.
قطعة من البطاطا المقشرة و المشطورة
ملعقتي أكل من الكمون المطحون.

بعضا من الفلفل الأخضر المشطور.

تقطع إلى قطع بحجم الفم.
توضع في
و يضاف إليها اللحم. تضاف إليها التوابل

حسب الأذواق

يسكب على هذا الخليط الماء البارد وتُغطى القدرة حتى تطهى كل المكونات.
تسحق و تُضاف إلى الخليط
ما إن يقارب اللحم على الاستواء تضاف
إلى الصلصة و تضاف إليها
تطهى الصلصة إلى أن يستوي اللحم و البطاطا. تطهى أثناء الخمس الدقائق الأخيرة.

كعك اليويو

750غ من الطحين، كيس صغير من الخميرة، الملح وكيس صغير من سكر الفانيليا و 150غ من السكر

يخلط كلها مع بعض و يشكل هذا الخليط على طبق من القصدير على شكل حلقة دائرية تشبه الخاتم يكون في وسطها فجوة.

10صل من زيت *الزيتون البكر الرفيع* و 10 صل من الحليب و 4 بيضات

توضع في وسط هذه الفجوة.

نصف كأس من الماء

تخلط هذه المكونات جيدا و يتم إضافتها شيئا فشيئا و عجنها حتى تصبح عجينا مرنا و صلبا. يترك العجين لمدة 20 إلى 25 دقيقة، يتم خلالها تحضير شراب السكر.

1 كغ من السكر في ¾ لتر من الماء في طور الغليان

تتحلل و تطهى مع بعض حتى يصبح مركزا بالقدر المطلوب.

زيت الزيتون البكر الرفيع

يسخن في مقلاة دون أن يصل مرحلة التبخر. يوضع العجين على طبقة من الطحين يكون سمكها حوالي 1,5 صم و يتم بسطه بشكل دائري حتى يلتصق به الطحين.

تقطع العجين إلى حلقات يكون قطرها بين 5 إلى 6 صم و التي يتم قطع حلقة في وسطها يكون قطرها بحجم الكشتبان (قمع الخياط). يغطس كعك اليويو في زيت الزيتون الساخن ليطهى من الجانبين حتى يصبح لونه أصفرا ذهبيا. يتم اثرها سحبه و يترك حتى ليرشح من الزيت. حينها يغطس في مشروب السكر ثم تسحب من جديد. يتم في النهاية رش كعك اليويو بـ

150غ من اللوز المسحوق.

فطائر دبلة

كغ من الطحين

ملعقة شاي من الملح، 4 بيضات و 6 ملاعق أكل من زيت *الزيتون البكر الرفيع.* الماء الدافئ

مشروب السكر

زيت الزيتون البكر الرفيع

100 غ من حبات السمسم المحمصة.

يبسط على طبق من القصدير و يترك في وسطها حفرة يوضع فيه

تخلط جميع المكونات بشكل خفيف و تُضاف شيئا فشيئا حتى يتشكل عجينا رطبا و لينا. يغطى العجين و يترك لمدة 20 إلى 25 دقيقة. يتم في هذه الأثناء تحضير

مثل الوصفة السابقة. يقطع العجين إلى قطع في حجم البرتقال و تكسى بالطحين بطبقة رقيقة جدا من الطحين من خلال بسطها بشكل دائري على مساحة رقيقة (2 مم) من الطحين. تقطع هذه الكرة بدورها إلى دوائر يتراوح طولها بين 20 و 25 صم و عرضها بين 4 و 5 صم. تلوى هذه الدوائر الواحد تلوى الأخرى حول إصبع اليد لتطهى مباشرة في

الساخن حتى تصبح صفراء ذهبية اللون عندها تسحب لترشح من الزيت. تغطس بعدها في مشرب السكر و يرش عليها

زيت التوابل و زيوت الزيتون المعطرة

من السهل استخراج زيت الزيتون المعطر بشكل فردي و حسب الذوق الشخصي. هذه الزيوت المعطرة بالحشائش المفضلة تعد في شكلها الطازج مناسبة لتهذيب السلاطة، لكن كذلك لعملية الطبخ بالفرن و المصلي و الطهي والتهذيب و مقْر المشوي. حتى لا يتعكّر صفاء زيت الزيتون المعطر بعد فترة ما، يتعين قبل تعطيره تجفيف الحشائش بشكل جيد، يعبأ زيت الزيتون البكر الرفيع في قارورة مزينة أو في كأس و تضاف إليه الحشائش و البذور المحبذة. لا يمكن تقييد القدرة على الأبتكار في هذا السياق. يترك هذا الابتكار الشخصي في قارورة مغلقة غير نافذة للهواء و توضع في مكان رطب بارد لمدة تتراوح بين أسبوعين إلى ثلاثة أسابيع. إذا ما أريد الرفع من مدة صلاحية زيت الزيتون المعطر فيتعين تصفية هذا الزيت بشكل متقن و كامل، عدى ذلك قد تتشكل كما هو الشأن عند زيت الليمون و الزيوت الأخرى المتكونة من مواد طازجة طبقة من الماء في قاع القارورة و التي تمثل مجالا مثاليا للجسيمات الصغيرة. تفسد هذه الزيوت بشكل أسرع من ذلك الزيت الذي يتم تصفيته بشكل كامل و متقن.

زيت الليمون

قطعتين من الليمون ذات القشرة الرقيقة	تغسل ثم تجفف ثم تقطع إلى أرباع ثم يتم إزالة النواة منها ثم ترش بـ
الملح	ثم تترك لمدة يوم في غربال حتى تنشف. ثم يتم مسحها قصد تجفيفها لتوضع في كأس مزين. تضاف إليه
عود من القرفة و قرن من الثوم و غصنين من الكزبرة *زيت الزيتون البكر الرفيع*	يسكب عليها كلها يوضع الكأس في مكان رطب و يترك الزيت مدة أسبوع حتى يتقشف.

يوظف زيت الزيتون البكر الرفيع المعطر بالليمون على وجه الخصوص في تهذيب السلاطة و إضفاء طفرة منعشة إلى أطباق الخضراوات. كما يعد الليمون بما فيه القشرة صالحا للأكل. يقطع الليمون إلى قطع صغيرة أو على شكل دوائر رقيقة لتشكل نوع من الزينة الجميلة و القيمة.

إلا أنه ينصح باستخراج كمية محدودة من زيت الليمون، حيث يتعين استهلاك هذا الزيت بسرعة أو على الأقل تصفيته بشكل جد متقن و شامل ما إن يرسب و يتجمع ماء ثمار الليمون في القاع القارورة.

مقر الزيتون

تكون حبات الزيتون عند قطفها شديدة المرارة و غير صالحة للاستهلاك. إلاّ أنه هنالك العديد من الطرق، لتخليصها من هذه المرارة و تمديد مدة صلاحية استهلاكها. لكل جهة في هذا السياق تقاليدها وطرقها الخاصة بها. يتم في تونس عادة تخليص الزيتون من مذاقه المر بالاستعانة بالملح. في ما يتعلق بزيتون الموائد فإنه من جد المهم أن يتم تحويله وهو على أحسن حال. لذلك يتم جنيه برفق بواسطة اليد و وضعه مباشرة في السلة و لا يتم إسقاطها على فراش الجني كما هو الشأن عند الزيتون المخصص لاستخراج الزيت. قد تتسبب آثار الضغط و الأضرار الأخرى الكامنة في مستوى غشاء حبات الزيتون في بداية تعفن أو التعفن الكامل للزيتون أثناء عملية تحويلها.

الزيتون الأخضر: يوضع الزيتون الأخضر و الذي يتدرج لونه إلى السواد، أي كل ذلك الصنف من الزيتون الذي تغير لونه و الذي لم يصل إلى مرحلة النضج الكامل و يكون لونه أسود داكن، يمقر هذا الصنف من الزيتون في محلول المملحة. بعد عملية الغسل المتقنة و الشاملة و إزالة الأوراق و الأعواد توضع حبات الزيتون في البداية في الماء الصافي النظيف لمدة أسبوع. في هذا الوقت يتلاشى البعض من مرارة الزيتون

و يُستبدل جزء من ماء الثمار بشكل تلقائي. يتخذ الماء النظيف لونا يصبح داكنا شيئا فشيئا مما يستدعي استبداله كل يوم. بعد انقضاء 7 أيام يُصرف الماء لآخر مرة و تنظف حبات الزيتون مرة أخرى بالماء النظيف و يعبأ في كؤوس حافظة كبيرة الحجم. فيما يتعلق بالماء المملح فإنه يتم إذابة الملح في الماء إلى درجة يتسنى لبيضة طازجة أن تطفو على السطح جزئيا حيث يظهر منها جزء بحجم قطعة نقدية صغيرة على سطح الماء. بهذه الطريقة تحدد النساء التونسيات نسبة الملح في الماء المملح و تكلل هذه العملية دائما بالنجاح مهما كانت كمية الماء المملح الذي يراد تحضيره. تغطى حبات الزيتون الآن بأنصاف الليمون و تعبأ الكؤوس بالماء المملح. يمكن حسب الأذواق إضافة بعض أوراق الرند. يذكّي الماء المملح الأنشطة الميكروبية و التي تعد ضرورية للتخمر كما أنها يساعد في تلاشي المكونات المرة. يجب أن تترك حبات الزيتون في الماء المملح لبضعة أسابيع لتتقشف قبل أول استهلاك لها، بعدها تكون عندها صالحة للاستهلاك لمدة سنة كاملة على الأقل.

الزيتون الأسود: يتم تحويل الزيتون كامل النضج و داكن السواد بطريقة مختلفة تماما. بعد عملية الغسل الشاملة و المتقنة و بعد إزالة حبات الزيتونة غير الصالحة للاستهلاك و التخلص من الأعواد يتم تمليح الزيتون بواسطة الملح الخشن. يعبأ الزيتون إثرها في كيس من الكتان الذي يتم بدورها غلقه بإحكام ووضع ثقل (حجر، دن من الماء الخ...) عليه. في إطار هذه العملية يفقد الزيتون محتواه من الماء، لذلك يتوجب تفريغ هذا الماء بشكل يومي. ينصح بوضع صحن عميق في وضع عكسي تحت كيس الكتان حتى لا يركد الزيتون في الماء و يتسرب هذا الأخير بشكل تلقائي. ما إن يتوقف تسرب ماء الثمار، حتى توضع حبات الزيتون في مكان مشمس حتى تجف. تستغرق عملية التجفيف هذه حسب الظروف المناخية وحجم حبات الزيتون ما بين الأسبوعين و الأسبوع الواحد. في هذا الإطار يجب الحرص على أن تكون حبات الزيتون مجففة من الماء تماما و لا تتخللها أي من أشكال الرطوبة حتى لا ينشأ أي تعفن. من المستحسن إعادة تمليح الزيتون بشكل بسيط إذا استلزم الأمر. يمكن في نهاية المطاف غسل بعض الحبات وتذوقها للتأكد من أنها أضحت صالحة للاستهلاك. عندها يتم تخليص الزيتون من الملح بشكل عام دون غسلها، بل يوضع في وسمة (غربال) و يحفظ في ثلاجة. هكذا يمكن المحافظة على صلاحية استهلاك هذا الزيتون إلى أن يحل الموسم التالي رغم أن عملية تجففها لن تتوقف. إذا ما أضحت حبات الزيتون جد صلبة فيمكن عندها وضعها حسب الحاجة في الماء لوقت قصير حتى تستوعب شيئا من الماء من جديد. يوجد طريقة أخرى لحفظ الزيتون المجفف في الثلاجة لمدة أطول و ذلك من خلال دلكها بزيت الزيتون البكر. بهذه الطريقة يتم تجنب تجفف الزيتون التدريجي. يتعيّن في إطار هذه العملية تحريك حبات الزيتون من حين لآخر حتى لا يستقر الزيت شيئا فشيئا في الأسفل.

القلي الكامل بزيت الزيتون

للأسف هناك رأي خاطئ و لكنه كثير الانتشار يعتبر عملية قلي المواد الغذائية الكامل من أقل الطرق الصحية لتحضير الطعام و يعتبرها مسببة في تناول كميات هائلة من الدهون. إنه لمن الصعب إقناع

العديد من الناس بالمعطيات الحقيقية رغم أن الأمر تم إثباته من خلال العديد من الأبحاث العلمية الجدية! لذلك يعد من المهم تناول مسألة القلي بالتفصيل.

يتعلق الأمر عند القلي بواحدة من أقدم الطرق وأكثرها رواجا خاصة في بلدان حوض المتوسط لتحضير الوجبات الغذائية. في حقيقة الأمر تعد هذه الطريقة متجذّرة في تلك المناطق التي يتم فيها إنتاج زيت الزيتون البكر. و لا يعد ذلك مجرد صدفة!

تبيّن من خلال مختلف البحوث العلمية أن لعملية القلي الكامل تأثير أقل ضرر من طرق التحضير الأخرى على القيمة الغذائية، هذا إذا ما تمت العملية بشكل صحيح.

"القلي الكامل" يعني غمس و طهي المادة الغذائية في "حمام من الزيت" الذي تنغمس فيه المادة المقلية بشكل كامل. هنا يكمن الفرق الكبير إزاء طرق التحضير الأخرى و التي يعتمد فيها الزيت كذلك، كما هو الشأن عند الطبخ في المكمورة أو القلي الجزئي.

تناقض البحوث العلمية المشار إليها بشكل لافت التسليم واسع الانتشار و الذي يعتبر المواد الغذائية المقلية ذي قيمة غذائية متدنية و أنها صعبة الهضم بالمقارنة مع المأكولات المعدة بطريقة أخرى. في واقع الأمر لا يتناول المستهلك عند الأطباق المقلية كامل دهنيات القلي كما هو الشأن عند عمليات الطبخ في المكمورة أو القلي الجزئي، بل هو يتناول كمية محدودة فقط من الدهنيات بعد ترشيح الزيت بطريقة سليمة، حيث لا يبقى في المأكولات المقلية من الزيت إلا ما نفذ منه أثناء عملية القلي الكامل.

إذا ما تمت عملية القلي الكامل على الوجه الصحيح، فإن المادة الغذائية المقلية لا تستوعب كميات أكبر من الدهنيات من تلك الذي تستوعبها تلك المادة عند تحضيرها بالدهون!

يجب التمعن في عملية القلي الكامل بالتفصيل حتى يتبين للقارئ كيف أن عملية القلي الكامل لا تقلل بشكل هائل القيمة الغذائية لأي منتوج. كما هو معروف لدى الجميع فإن تلاشي القيمة الغذائية مرتبط بحدة و مدة تأثير الحرارة العالية. كلما تعرضت مادة غذائية إلى الحرارة العالية لأطول وقت و كلما كانت درجة الحرارة أعلى، كلما ازداد تلاشي الفيتامينات و المكونات الأخرى ضعيفة المناعة إزاء الحرارة. إضافة إلى ذلك تتلاشى من خلال التفاعل الكيميائي مع الأكسجين العديد من المحتويات المغذية (التأكسد). يعد التأكسد عند عملية القلي الكامل في حمام الزيت عمليا أمرا غير وارد بالمرة، باعتبار أن المادة المقلية تُغمس بالكامل في الزيت و تُحاط به من كل الجوانب

مما يقيها من التأكسد.

تتشكل عملية القلي الكامل من مرحلتين، بعدما توضع المادة الغذائية في حمام الزيت الساخن ذي حرارة تبلغ 180 درجة تقريبا تتبخر خلال المرحلة الأولى و الهامة كمية هائلة من الماء الكامنة في هذه المادة. تبقى درجة الحرارة داخل هذه المادة أثناء هذه العملية مستقرة تحت 100 درجة لأسباب فيزيائية و ذلك مهما كانت درجة حرارة زيت الزيتون البكر.

يعد هذا الأمر مهما جدا لأن لعامل الوقت دورا أساسيا. تتم عملية القلي بسرعة، إذ أنها غالبا ما تستغرق بضعة دقائق فقط. تشكل المرحلة الأولى ثلثي الوقت اللازم لعملية القلي الكاملة. أثناء هذا الوقت يتبخر الماء مما يوفر وقتا قصيرا جدا لا يتعدى الدقيقتين للمرحلة الثانية و التي تتخطى فيها الحرارة الكامنة داخل المادة الغذائية 100 درجة. هكذا يصبح الوقت الذي قد تتضرّر أثناءه المحتويات غير الحصينة إزاء الحرارة جد محدود.

1)

توضع المادة المقلية في زيت القلي الساخن في درجة حرارة تقدر ب° 180.

المادة المقلية
زيت سخن 180 °C

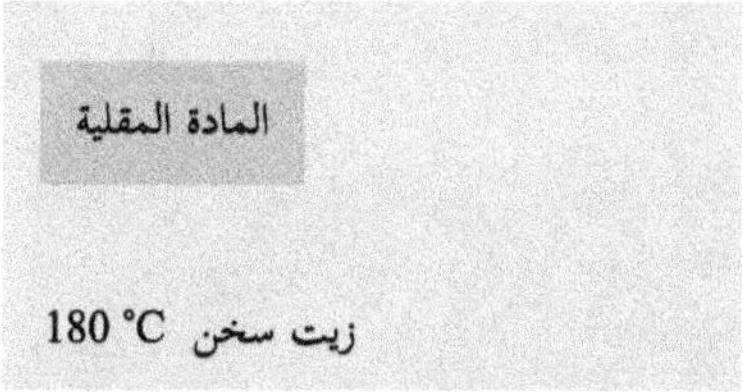

2) المرحلة الأولى:

أثناء هذه المرحلة الأولى لعملية القلي الكامل يتبخر جانب كبير من الماء الكامن في المادة الغذائية. **لا** تتعدى الحرارة في داخل المادة أثناء هذه العملية المائة درجة.

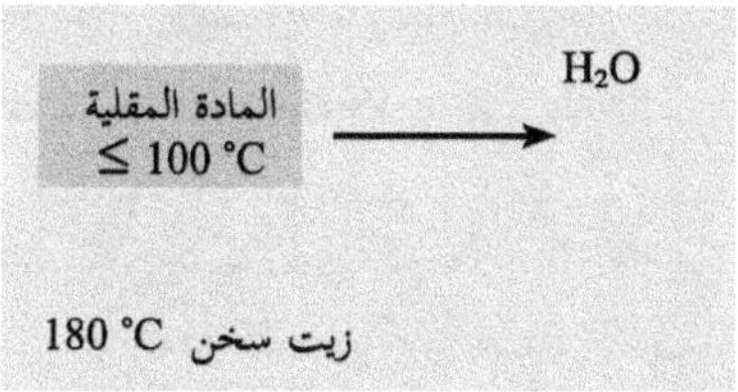

المادة المقلية
≤ 100 °C
H2O
زيت سخن 180 °C

3) المرحلة الثانية:

أثناء هذه المرحلة الثانية ينفذ مادة القلي الدهنية الساخنة إلى المادة المقلية و يأخذ مكان الماء المتبخر.

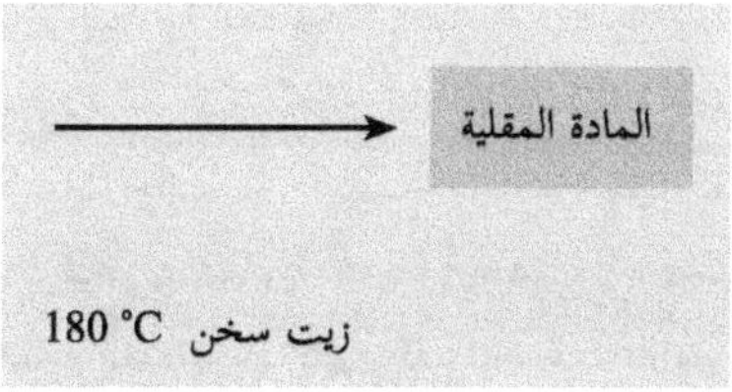

المادة المقلية
زيت سخن 180 °C

يتم دائما التطرق إلى حماية الفيتامين C كمؤشر لطريقة الطهي الواقية للقيمة الغذائية. من خلال هذه الطريقة يمكن بكامل الوضوح إثبات أن عملية القلي في حمام الزيت أقل إضرارا فعليا بالمحتويات غير الحصينة إزاء الحرارة المرتفعة من طرق الطهي الأخرى.

في الجدول التالي نتناول نوعين من الخضروات التي تحتوي في شكلها الطازج على نسبة متفاوتة من الفيتامين C و نعني بذلك البطاطا التي تحتوي على نسبة متدنية من الفيتامين C على عكس الفلفل ذو النسبة العالية من هذا الفيتامين. بعد عملية قليها نتحصل على ضارب رواسب (RK) يناهز 70 % أي ما يعني أنه في الحالتين لا يتلاشى سوى 30 % من فيتامين C بعد قليها. على عكس تلك الأرقام الخاصة بطرق أخرى الطبخ (كالطبخ في المكمورة و بالبخار و القلي الجزئي)، حيث لا يبقى من فيتامين C الكامن في المادة الغذائية سوى 25 % أي أن 75 % من هذا الفيتامين يتلاشى أثناء عملية الطبخ و ذلك بقطع النظر عن النسبة الأصلية من فيتامين الكامن في المادة الغذائية.

تأثيرات طرق الطبخ المختلفة المعتمدة على زيت الزيتون على محتوى الفيتامين C في مختلف المواد الغذائية

	طازج	مقلي بالكامل		طبخ بالبخار \ قلي جزئي	
	مغ / 100غ	مغ / 100غ من المادة الغذائية الطازجة	RK%	مغ / 100 غ من المادة الغذائية الطازجة	RK%
بطاطا	19,1 ±1,2	13,3 ±0,1	70	4,5 ±0,1	24
فلفل	112,3 ±2,5	82,7 ±2,2	74	29,6 ±0,2	26

RK: ضارب الرواسب و يعني النسبة المائوية من كمية الفيتامين c بالمقارنة مع المادة الغذائية

المصدر: La friture des aliments à l'huile d'olive, Varela Gregorio

عند القلي لا تتلاشى أكثر من 30 % من نسبة الفيتامين C الأصلية في حين تضيع 75 % تقريبا من هذا الفيتامين عند اعتماد الطرق الأخرى للطبخ.

لا يجب أن تفاجئنا هذه النتائج بل هي تعد منطقية إذ تفسّر هذه الظاهرة من ناحية أولى كنتيجة لتأثير الحرارة المحدودة زمنيا على المواد الطبيعية أثناء المرحلة الثانية للقلي و من ناحية أخرى لعدم وجود مادة الأكسجين أثناء كامل عملية القلي.

هناك جانب ثاني مهم جدا عند عملية القلي و الذي يجب الإشارة إليه. لقد استنتج في العديد من البحوث العلمية أنه تنشأ عند القلي عمليات مختلفة تتحدد حسب كمية الدهون الموجودة في المادة الغذائية إن كانت فقيرة أم غنية بالدهون. عند قلي المواد الغذائية محدودة الدهون ينفذ زيت

القلي إلى داخل هذه المواد حيث تتشبّع به و تصبح فعلا على نسبة أعلى من الدهون.

تكون تركيبة الدهون الكامنة في المادة الغذائية بعد القلي عمليا مماثلة لتركيبة دهون القلي. مثلا يكون للبطاطا المقلية في زيت الزيتون البكر الرفيع نفس النسبة العالية من الحوامض الدهنية البسيطة غير المشبعة التي توجد في مادة القلي الدهنية المستعملة (زيت الزيتون البكر الرفيع).

تعد العمليات التي تتشكل عند قلي المواد الغذائية الغنية بالدهون شديدة التعقيد و يلزم تبيينها بكامل التفصيل في هذا السياق.

عند عملية قلي مواد غذائية غنية بالدهون لا تتشكل تغيرات لنسبة الدهنيات من ناحية الكم بل يطرأ تغير يخص نوعية المادة الدهنية الكامنة في المادة الغذائية.

ببساطة تتخذ المواد الدهنية المختلفة الواحدة مكان الأخرى و ذلك تجاوبا مع قوانين فيزيائية. يعتمد هذا التحول على أن هناك نزعة تساعد على موازنة الكثافات المتفاوتة المختلفة في المكان الواحد مع بعضها البعض. يؤدي هذا إلى تبادل المواد الدهنية و تحول لتركيبة الحوامض الدهنية الكامنة في المادة الغذائية المقلية التي تتشبع بالحوامض الدهنية الكامنة في المادة الغذائية و تحول لتركيبة الحوامض الدهنية الكامنة في المادة الغذائية ذاتها و التي تتشبع بدورها بالحوامض الدهنية الكامنة في دهون القلي. في نهاية العملية نلحظ تحسن واضح لنوعية اللحم المقلي بالمقارنة مع اللحم الطازج فيما يتعلق بتركيبة الحوامض الدهنية لكن نسبة الدهنيات تبقى على حالها. في نفس الوقت تسوء نوعية زيت الزيتون البكر الرفيع لأنه يستوعب الحوامض الدهنية الأقل صحية (حوامض دهنية مشبعة و حوامض دهنية متعددة غير مشبعة) الكامنة في دهون القلي و التي تتشكل من خلال تبادل الدهنيات أثناء كل عملية قلي. لهذا السبب يتعين استبدال زيت الزيتون البكر المستعمل حسب نوع المادة المقلية بزيت جديد بانتظام!

تحسن عملية قلي اللحم - إن كان لحما سمينا أو بلا دهن - بزيت الزيتون البكر الرفيع العالي الجودة بشكل فعال نوعية المادة الدهنية لهذا اللحم إذ تستبدل هذه العملية الحوامض الدهنية الحيوانية المتعددة غير المشبعة بالحوامض الدهنية النباتية الخالية من الكولسترول البسيطة غير المشبعة الكامنة في زيت الزيتون البكر الرفيع.